普通高等教育"十二五"应用型本科系列规划教材

数据库原理及应用
实验教程

主 编　魏 华　于海平

 西安交通大学出版社
XI'AN JIAOTONG UNIVERSITY PRESS

内 容 提 要

　　本教材分为实验篇和设计篇两个部分。在内容编排上，遵循与理论教材内容紧密结合、循序渐进的原则，对实验内容进行了精心设计。书中以SQL Server 2008作为数据库管理系统，把数据库的基本概念、基本理论和基本技术及数据库的设计贯穿于12个实验和2个设计中。实验侧重于各个知识点的掌握，设计侧重于数据库知识的综合应用，力求通过实践训练，让读者了解数据库管理系统的基本原理和数据库系统设计的方法，培养其应用及设计数据库的能力。

　　书中的内容由点到面、由易到难，对同一个问题给出了多种实现方法，理论与实践操作环环紧扣，既方便教师教学，又有助于学生学习，具有很强的实用性，建议将《数据库原理及应用实验教程》和《数据库原理及应用（SQL Server 2008）》或与数据库相关的其他理论教材配合使用。

前 言

数据库技术在各行业得到广泛应用,社会对熟练掌握数据库技术的人才需求很大,因此,学习和掌握数据库技术成为很多高校大部分专业学生应具备的重要技能之一。"数据库原理及应用"课程强调在讲授数据库基本理论的同时应注重培养、提高学生的实际应用能力。基于此,我们在已编写数据库原理及应用理论教材的基础上,编写了这本配套的实验指导教材,目的是让读者在掌握数据库基本知识的同时,能够应用这些知识设计合理的数据库,初步具有开发完整可用的数据库系统的能力。

本教材在内容编排上遵循与理论教材内容紧密结合、循序渐进的原则,对实验内容进行了精心设计。书中以 SQL Server 2008 作为数据库管理系统,把数据库的基本概念、基本理论和基本技术及数据库的设计贯穿于 12 个实验和 2 个设计中,力求通过实践训练,让读者了解数据库管理系统的基本原理和数据库系统设计的方法,培养应用及设计数据库的能力。

本教材分为实验篇和设计篇两个部分。实验篇包括 12 个实验,侧重于各个知识点的掌握,实验 1 学习如何安装 SQL Server 2008 数据库管理系统;实验 2 学习数据库的建立和管理;实验 3 学习数据表的建立和管理;实验 4 学习如何实现数据的完整性;实验 5 学习索引的创建和管理;实验 6 学习数据的多种查询方式;实验 7 学习如何进行数据的插入、修改、删除等操作;实验 8 学习视图的创建、使用、修改、删除等;实验 9 学习如何保证数据库的安全性;实验 10 学习如何进行数据库的备份和恢复;实验 11 学习如何实现数据的导入和导出;实验 12 学习存储过程的创建、修改和删除等。实验篇的每个实验包括知识要点、实验目的、实验内容、实验步骤、思考与练习 5 个部分。知识要点是对实验所包含的理论知识的高度概括,而思考与练习是通过强化训练使读者熟练掌握数据库的应用。设计篇给出了两个实际的数据库系统设计案例,即网上人才招聘系统和航空订票系统,侧重于数据库知识的综合应用,让读者对数据库应用系统有一个整体、直观的印象。

书中的内容由点到面、由易到难，对同一个问题给出了多种实现方法，理论与实践操作环环紧扣，既方便教师教学，又有助于学生学习，具有很强的实用性，建议将《数据库原理及应用实验教程》和《数据库原理及应用(SQL Server 2008)》或与数据库相关的其他理论教材配合使用。

本书由魏华、于海平共同编写完成，其中，魏华负责实验篇，于海平负责设计篇，魏华同时参与了设计篇的修改，并对全书进行了统稿。

由于编者水平有限，书中难免有疏漏和不足之处，敬请广大读者和同行批评指正。

编者

2015 年 1 月

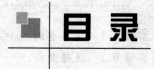

目录

第一部分　实验篇

实验1　SQL Server 2008 的安装和配置 ……
…… (1)

实验1.1　SQL Server 2008 的安装 ……………… (3)

实验1.2　配置 SQL Server 2008 ……………… (10)

实验1.3　注册 SQL Server 2008 服务器 ……… (11)

实验2　数据库的创建与管理 ……
…… (17)

实验2.1　创建数据库 ……………………… (18)

实验2.2　分离和附加数据库 ……………… (21)

实验2.3　删除数据库 ……………………… (24)

实验3　数据表的创建与管理 ……
…… (26)

实验3.1　创建数据表 ……………………… (28)

实验3.2　修改数据表 ……………………… (30)

实验3.3　删除数据表 ……………………… (33)

实验4　完整性约束 ……
…… (36)

实验4.1　实体完整性约束 ………………… (38)

实验4.2　域完整性约束 …………………… (39)

实验4.3　参照完整性约束 ………………… (43)

实验5　索引 ……
…… (46)

实验5.1　创建索引 ………………………… (46)

实验5.2　删除索引 ………………………… (49)

实验 6　数据查询 ······

···(51)

实验 6.1　简单查询 ···(52)

实验 6.2　连接查询 ···(55)

实验 6.3　嵌套查询 ···(57)

实验 6.4　合并查询 ···(59)

实验 7　数据操作 ······

···(61)

实验 7.1　插入数据 ···(61)

实验 7.2　修改数据 ···(64)

实验 7.3　删除数据 ···(66)

实验 8　视图 ······

···(68)

实验 8.1　创建视图 ···(69)

实验 8.2　更新视图 ···(72)

实验 8.3　修改视图 ···(74)

实验 8.4　删除视图 ···(76)

实验 9　SQL Server 安全管理 ······

···(78)

实验 9.1　创建登录账户 ···(79)

实验 9.2　创建数据库用户 ·······································(82)

实验 9.3　创建数据库角色 ·······································(85)

实验 9.4　权限管理 ···(86)

实验 10　数据库备份与恢复 ······

···(91)

实验 10.1　完全数据库备份与简单恢复 ···························(92)

实验 10.2　差异数据库备份与简单恢复 ···························(96)

实验 10.3　事务日志备份与简单恢复 ·····························(97)

实验 11　数据的导入和导出 ······

···(99)

实验 11.1　导入 SQL Server 数据表 ······························(99)

实验 11.2　导出 SQL Server 数据表 ·····························(102)

实验 12 存储过程 ······ (108)

    实验 12.1 创建并执行存储过程 ········· (109)
    实验 12.2 修改和删除存储过程 ········· (112)

第二部分 设计篇

设计 1 网上人才招聘系统 ······ (116)

    1.1 需求分析 ········· (116)
    1.2 系统功能模块设计 ········· (116)
    1.3 数据库设计 ········· (117)
    1.4 系统功能的设计与实现 ········· (119)

设计 2 航空订票系统 ······ (135)

    2.1 需求分析 ········· (135)
    2.2 系统功能模块设计 ········· (135)
    2.3 系统流程图设计 ········· (137)
    2.4 数据库设计 ········· (138)
    2.5 系统功能的设计与实现 ········· (142)

参考文献 ······ (156)

第一部分

实验篇

实验 1
SQL Server 2008 的安装和配置

 **知识要点**

SQL Server 2008 是微软公司推出的新一代数据库管理系统,是可用于大规模联机事务处理(OLTP)、数据仓库和电子商务应用的数据库和数据分析平台。

1. SQL Server 2008 版本

根据应用程序的需要,不同版本的 SQL Server 的安装要求有所不同。多版本的 SQL Server 能够满足单位和个人独特的性能、运行以及价格要求。

(1)SQL Server Enterprise:是一种综合的数据平台,可以为运行安全的业务关键应用程序提供企业级可扩展性、性能、高可用性和高级商业智能功能。

(2)SQL Server Standard:是一个提供易用性和可管理性的完整数据平台。它的内置业务智能功能可用于运行部门应用程序。

(3)SQL Server Standard for Small Business:包含 SQL Server Standard 的所有技术组件和功能,可以在拥有 75 台或更少计算机的小型企业环境中运行。

(4)SQL Server 2008 Developer:支持开发人员构建基于 SQL Server 的任何一种类型的应用程序。它包括 SQL Server 2008 Enterprise 的所有功能,但有许可限制,只能用作开发和测试系统,而不能用作生产服务器。SQL Server 2008 Developer 是构建和测试应用程序人员的理想之选,可以将之升级用于生产用途。

(5)SQL Server Workgroup:是运行分支位置数据库的理想选择,它提供一个可靠的数据管理和报告平台,其中包括安全的远程同步和管理功能。

(6)SQL Server 2008 Web:对于为小规模至大规模 Web 资产提供可扩展性和可管理性功能的 Web 宿主和网站来说,SQL Server 2008 Web 是一项总拥有成本较低的选择。

(7)SQL Server Express:作为一个 SQL Server 2008 的入门级版本,它可用于替换 Microsoft Desktop Engine(MSDE)。SQL Server Express 与 Visual Studio 集成,使开发人员可以轻松开发功能丰富、存储安全且部署快速的数据库应用程序,它为用户提供了一个能满足开发需求的快速可靠而且低开销的数据库解决方案。

(8)SQL Server Compact:由 Microsoft 免费提供的嵌入式数据库,是开发基于各种 Windows 平台的移动设备、桌面和 Web 客户端的独立应用程序的理想选择。

2. SQL Server 实例

SQL Server 实例是指安装的一个 SQL Server 数据库引擎\服务。在同一台计算机上可以安装 SQL Server 的多个实例。每个实例完全彼此独立,在逻辑上,位于同一计算机上两个不同实例和位于两台不同计算机上的实例相差无几。可以将计算上安装的一个实例设置为默认实例,而其他实例则必须为命名实例。这是在安装期间设定的,一旦安装好后就不能对此进行修改。如一个客户端应用程序要连接到默认实例,只需要指明实例所在的计算机名称或 IP 地址,而要连接到一个命名实例,客户端要指明计算机的名称或 IP 地址,后跟一个反斜杠字符("\"),再指明实例名称。

实验 1.1　SQL Server 2008 的安装

实验目的

1. 了解 SQL Server 2008 的安装要求;
2. 熟悉 SQL Server 2008 的安装步骤;
3. 了解 SQL Server Management Studio 集成环境。

实验内容

安装 SQL Server 2008 服务器。

实验步骤

1. 检查软硬件配置是否达到 SQL Server 2008 的安装要求。

安装 SQL Server 2008 之前,首先要了解 SQL Server 2008 所需的必备条件,检查计算机的软硬件配置是否满足 SQL Server 2008 开发环境的安装要求,具体要求如表 1-1-1 所示。

表 1-1-1　安装 SQL Server 2008 的软硬件要求

软硬件	描述
软件	SQL Server 安装程序需要使用 Microsoft Windows Installer 4.5 或更高版本以及 Microsoft 数据访问组件(MDAC)2.8 SP1 或更高版本
处理器	1.4GHz 处理器,建议使用 2.0GHz 或速度更快的处理器
RAM	最小 512MB,建议使用 1.024GB 或更大的内存
硬盘空间	至少 2.0GB 的可用磁盘空间
CD-ROM 驱动器或 DVD-ROM	从磁盘进行安装时需要相应的 CD 或 DVD 驱动器
显示器	SQL Server 2008 图形工具需要使用 VGA 或更高分辨率,分辨率至少为 1024×768 像素

2. 安装 SQL Server 2008。

(1)安装 SQL Server 2008,用户可以将 SQL Server 2008 的安装光盘插入光驱,系统将自动进入 SQL Server 2008 的安装界面,或者通过运行安装光盘根目录下的 setup.exe 文件进入

SQL Server 2008 的安装界面,如图 1-1-1 所示。

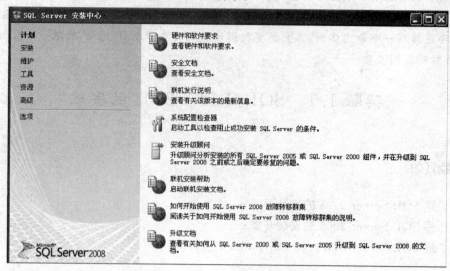

图 1-1-1　SQL Server 2008 安装界面

(2)选择左边的"安装"选项,可看到 SQL Server 2008 的安装选项界面,如图 1-1-2 所示。

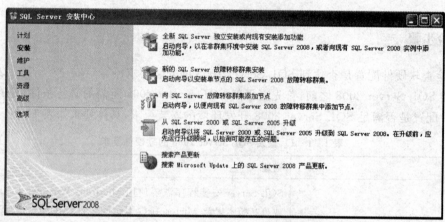

图 1-1-2　SQL Server 2008 安装选项界面

(3)单击第一项,SQL Server 2008 会在开始安装之前对系统进行检查,如图 1-1-3 所示。单击每个规则的状态链接都会显示该规则的相关解释。

(4)系统检查完成后,用户需要在界面中输入 SQL Server 2008 的序列号。它将根据序列号自动选择安装版本进行后续安装,也可以在版本选择下拉菜单中选择企业 180 天评估版或者 Express 版本,如图 1-1-4 所示。

(5)"产品密钥"输入完成后,单击"下一步"进入许可条款界面,勾选"我接受许可条款",下一步会进入"安装程序支持文件"界面,如图 1-1-5 所示。单击"安装"按钮,它将在现有的环境下安装预先需要的文件。

(6)安装好支持文件后,将进入新的安装向导,首先仍然需要通过一系列检查,确保程序支持文件已经安装好,可以继续后续的安装,如图 1-1-6 所示。

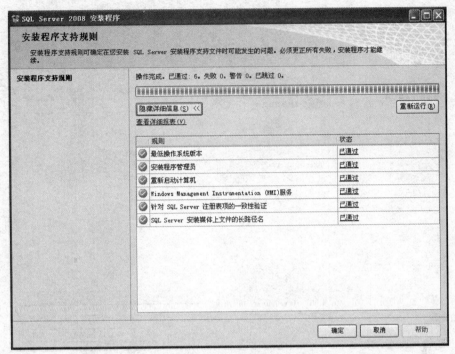

图 1-1-3 SQL Server 2008 安装前的系统检查界面

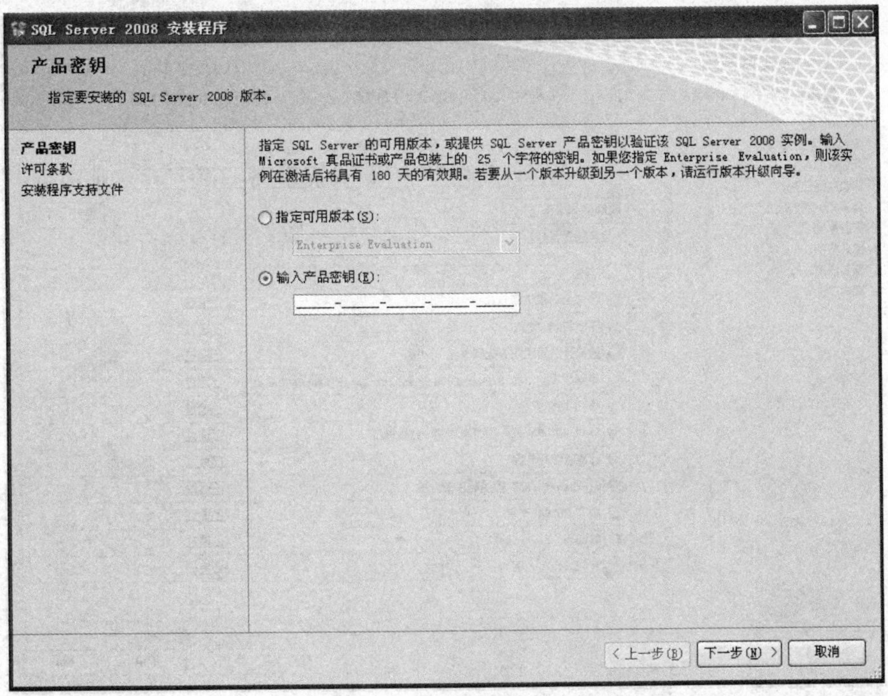

图 1-1-4 "产品密钥"输入界面

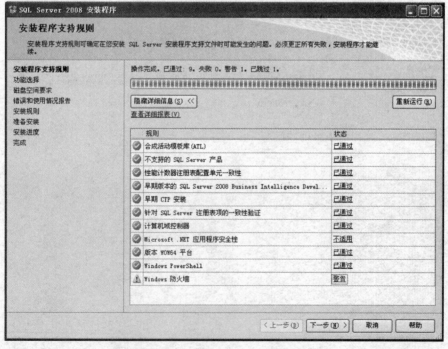

图 1-1-5 "安装程序支持文件"界面

图 1-1-6 "安装程序支持规则"界面

(7)单击"下一步",将打开"功能选择"界面,对所需要安装的功能进行用户自主选择,如图
1-1-7所示。

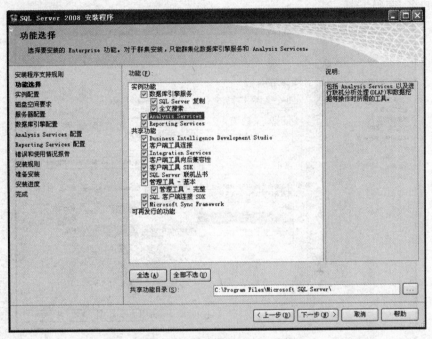

图1-1-7 "功能选择"界面

(8)功能选择完成后,单击"下一步"将对实例进行必要的配置,包括名称以及所存储的目
录,如图1-1-8所示。

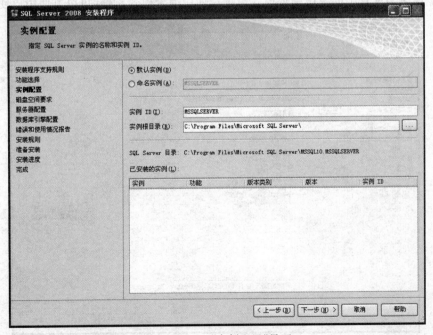

图1-1-8 "实例配置"界面

(9)服务器配置需要用户对每个服务设置相应的账户名、密码以及启动类型进行设置,如图1-1-9所示。用户可以单击"对所有 SQL Server 2008 服务使用相同的账户"按钮,将所有服务的账户名、密码统一。

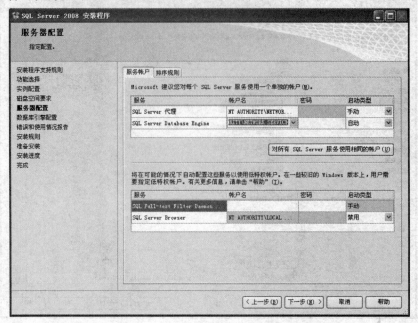

图1-1-9 "服务器配置"界面

(10)单击"下一步"进入"数据库引擎配置"界面,如图1-1-10所示。在数据库引擎配置中设置密码,添加 SQL Server 管理员。需要注意的是,为了方便网站等一些外部程序连接数据库,数据库引擎配置中的身份验证模式请选择使用混合模式,这样可以方便用户创建新的专

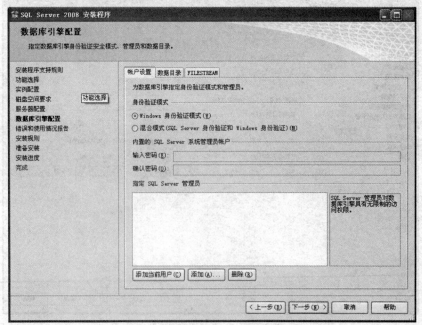

图1-1-10 "数据库引擎配置"界面

用账户来登录和管理。

(11)单击"下一步",继续配置错误和使用情况报告,根据需要进行相应的选择。在安装前再根据安装规则对系统最后一次检测,然后进入正式安装阶段,在安装过程中显示安装进度,如图1-1-11所示。

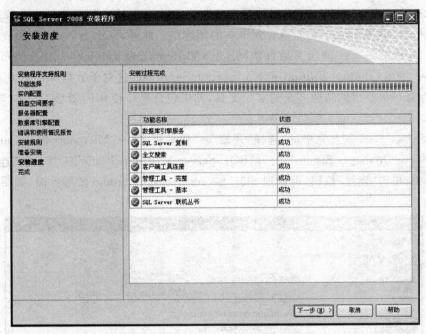

图1-1-11 "安装进度"界面

(12)单击"下一步"显示SQL Server 2008已安装完成,如图1-1-12所示。

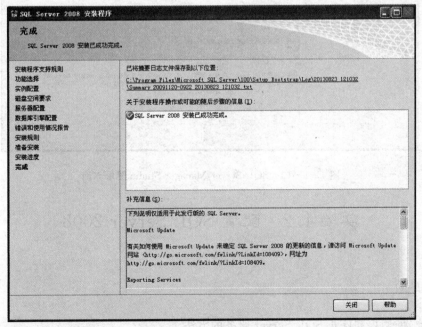

图1-1-12 安装完成界面

3. 运行 SQL Server Management Studio 集成环境。

SQL Server Management Studio 是一个集成环境,用于访问、配置、管理和开发 SQL Server 的所有组件。SQL Server Management Studio 组合了大量图形工具和丰富的脚本编辑器,是一种易于使用且直观的工具,通过使用它能够快速、高效地在 SQL Server 中进行工作。

SQL Server Management Studio 将早期版本的 SQL Server 中所包含的企业管理器、查询分析器和 Analysis Manager 功能整合到单一的环境中。此外,SQL Server Management Studio 还可以和 SQL Server 的所有组件协同工作,如 Reporting Services、Integration Services、SQL Server 2008 Compact Edition 和 Notification Services。这对于数据库的开发至关重要,也是数据库管理员获得的功能齐全的实用工具,其中包含易于使用的图形工具和丰富的脚本撰写功能。

SQL Server 2008 安装完毕后,选择"开始"→"所有程序"→"Microsoft SQL Server 2008"→" SQL Server Manager Studio",打开"SQL Server Manager Studio"工具。在"连接到服务器"对话框中,单击"连接"按钮,可看到 SQL Server Manager Studio 图形界面,如图 1-1-13 所示。

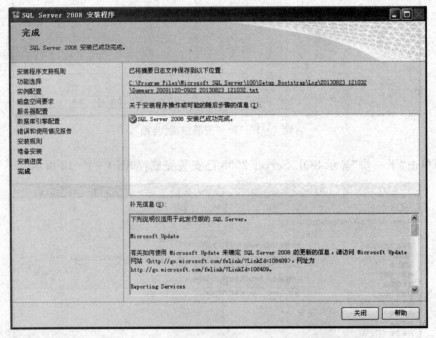

图 1-1-13 SQL Server Manager Studio 图形界面

实验 1.2 配置 SQL Server 2008

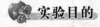 **实验目的**

掌握启动、暂停和停止 SQL Server 服务的方法。

实验内容

利用 SQL Server 配置管理器完成启动、暂停和停止服务等操作。

实验步骤

1. 选择"开始"→"所有程序"→"Microsoft SQL Server 2008"→"配置工具"→" SQL Server 配置管理器",打开"SQL Server Configuration Manager"管理工具。

2. 选择"SQL Server Configuration Manager"管理工具左侧树形结构下的"SQL Server 服务",在右边将显示 SQL Server 中的服务,如图 1-1-14 所示。

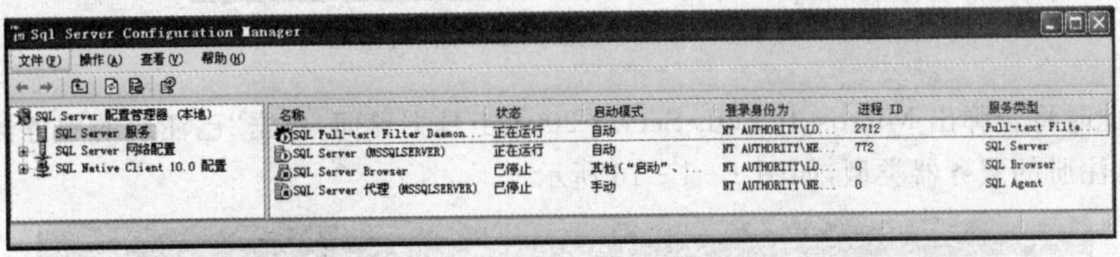

图 1-1-14　"SQL Server Configuration Manager"管理工具

3. 要启动、暂停或停止 SQL Server 服务,在"SQL Server Configuration Manager"管理工具右边选择服务名称,单击右键,在弹出的快捷菜单中选择"启动"、"暂停"、"停止"命令即可。

实验 1.3　注册 SQL Server 2008 服务器

实验目的

1. 掌握创建服务器组的方法;
2. 掌握注册 SQL Server 2008 服务器的方法。

实验内容

1. 创建和删除服务器组;
2. 注册和删除服务器。

实验步骤

1. 创建服务器组。

(1)选择"开始"→"所有程序"→"Microsoft SQL Server 2008"→" SQL Server Manager Studio",打开"SQL Server Manager Studio"工具。

(2)在"连接到服务器"对话框中,单击"取消"按钮,如图 1-1-15 所示。

图 1-1-15 "连接到服务器"对话框

(3)此时将会弹出 Microsoft SQL Server 2008 工具主界面,单击"已注册的服务器"选项,可看见已注册的服务器类型,如图 1-1-16 所示。

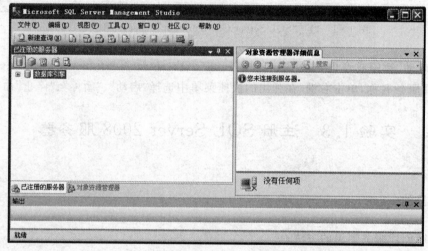

图 1-1-16 Microsoft SQL Server 2008 工具主界面

(4)在"已注册的服务器"面板中选择服务器组要创建的服务器类型。服务器类型如表 1-1-2所示。

表 1-1-2 "已注册的服务器"面板中的服务器类型

图标	服务器类型
	数据库引擎
	Analysis Services
	Reporting Services
	SQL Server Mobile Edition 数据库
	Integration Services

（5）选择服务器后，在"已注册的服务器"面板的显示服务器区域中选择"SQL Server 组"，单击右键，在弹出的快捷菜单中选择"新建服务器组"命令，将出现"新建服务器组属性"对话框，如图 1-1-17 所示。

图 1-1-17 "新建服务器组属性"对话框

（6）在"新建服务器组属性"对话框中输入要创建的服务器组的名称，以及关于这个服务器组的简要说明，单击"确定"按钮即可完成服务器组的创建。

2. 删除服务器组。

（1）打开如图 1-1-16 所示的界面，选择需要删除的服务器组，如图 1-1-18 所示。

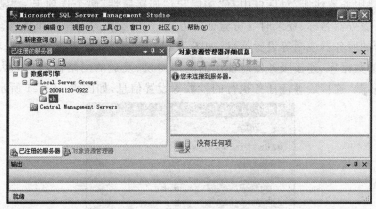

图 1-1-18 "已注册服务器"面板

（2）单击右键，在弹出的快捷菜单中选择"删除"命令，将出现"确认删除"对话框，如图 1-1-19所示。单击"是"按钮，即可完成服务器组的删除。

图 1-1-19 "确认删除"对话框

3. 注册服务器。

(1)打开如图 1-1-16 所示的界面,选择服务器后,在"已注册的服务器"页面的显示服务器区域中选择"SQL Server 组",单击右键,在弹出的快捷菜单中选择"新建服务器注册"命令,弹出"新建服务器注册"对话框,如图 1-1-20 所示。

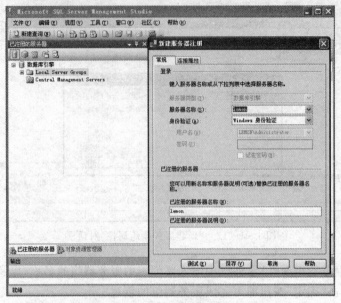

图 1-1-20　"新建服务器注册"对话框

(2)在"新建服务器注册"对话框中有"常规"与"连接属性"两个选项卡。"常规"选项卡包括服务器类型、服务器名称、登录时身份验证的方式、登录所用的用户名和密码、已注册的服务器名称、已注册的服务器说明等设置信息,如图 1-1-20 所示。"连接属性"选项卡包括所要连接服务器中的数据库、连接服务器时使用的网络协议、发送的网络数据包的大小、连接时等待建立连接的秒数、连接后等待任务执行的秒数等设置信息,如图 1-1-21 所示。

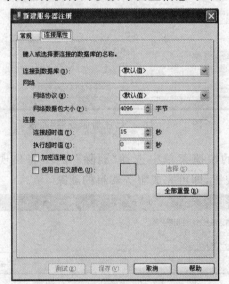

图 1-1-21　"连接属性"选项卡

（3）设置完成这些信息后，单击"测试"按钮，测试与所注册服务器的连接，如果成功连接，则弹出如图 1-1-22 所示的对话框。

图 1-1-22 提示连接测试成功的对话框

（4）单击"确定"按钮后，在弹出的"新建服务器注册"对话框中单击"保存"按钮，即可完成服务器的注册。注册了服务器的"已注册的服务器"面板如图 1-1-23 所示。

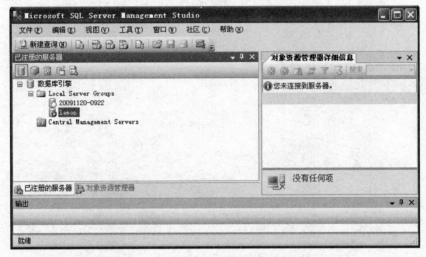

图 1-1-23 "已注册的服务器"面板

4. 删除服务器。

（1）打开如图 1-1-23 所示的界面，选择需要删除的服务器，单击右键，在弹出的快捷菜单中选择"删除"命令，将弹出"确认删除"对话框，如图 1-1-24 所示。

（2）单击"是"按钮，即可完成注册服务器的删除。

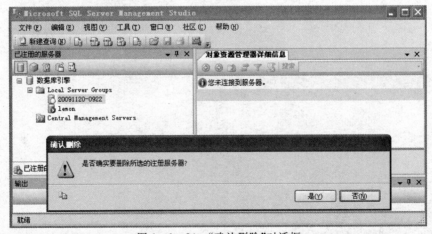

图 1-1-24 "确认删除"对话框

？思考与练习

1. 在自己的计算机上安装 SQL Server 2008 Enterprise Evaluation。
2. 如何使用 SQL Server 2008 的帮助文档？
3. 启动 SQL Server 服务有哪些方法？

实验 2

数据库的创建与管理

 **知识要点**

数据库是 SQL Server 存储和管理数据的对象。SQL Server 2008 包含两种类型的数据库：系统数据库和用户数据库。系统数据库存储有关 SQL Server 的系统信息，即存储 SQL Server 专用的、用于管理自身和用户数据库的数据。在安装 SQL Server 2008 时，系统会创建 4 个系统数据库，分别是 master、model、msdb 和 tempdb。而用户数据库是用户自己创建的数据库，用于存储用户的数据。

在 SQL Server 2008 中，用户创建一个数据库将至少产生两个文件，即数据文件和日志文件。一个数据库至少应包含一个数据文件和一个事务日志文件。

1. 数据文件

数据文件（database file）是存放数据库数据和数据库对象的文件。一个数据库可以有一个或多个数据文件，一个数据文件只属于一个数据库。当有多个数据文件时，有一个文件被定义为主要数据文件（primary database file），扩展名为".mdf"，其他数据文件被称为次要数据文件（secondary database file），扩展名为".ndf"。

采用多个数据文件来存储数据的优点体现在：①数据文件可以不断扩充而不受操作系统文件大小的限制；②可以将数据文件存储在不同的硬盘中，这样可以同时对几个硬盘作数据存取，提高数据处理的效率，这对于服务器型的计算机尤为有用。

2. 事务日志文件

事务日志文件（transaction log file）是用来记录数据库更新情况的文件，扩展名为".ldf"。例如，使用 INSERT、UPDATE 和 DELETE 等对数据库进行更改的操作都会被记录在此文件中，而如 SELECT 等对数据库内容不会有影响的操作则不会被记录在案。一个数据库可以有一个或多个事务日志文件。当数据库遭到破坏时可以用事务日志还原数据库内容。

3. 文件组

文件组（file group）是将多个数据文件集合起来形成的一个整体，每个文件组有一个组名。与数据文件一样，文件组也分为主要文件组和次要文件组。一个数据文件只能存在于一个文件组中，一个文件组也只能被一个数据库使用。主文件组中包含了所有的系统表。当建立数据库时主要文件组包括主要数据文件和未指定组的其他文件。在次要文件组中可以指定一个缺省文件组，那么在创建数据库对象时，如果没有指定将其放在哪一个文件组中，就会将它放在缺省文件组中，如果没有指定缺省文件组，则主要文件组为缺省文件组。而日志文件不分组，它不能属于任何文件组。

4. 创建数据库的命令格式

CREATE DATABASE database_name

[ON

　[<filespec>[,…n]]

　[,<filegroup>[,…n]]

　]

　[LOG ON{<filespec>[,…n]}]

　[COLLATE collation_name]

　[FOR LOAD | FOR ATTACH] <filespec>的格式是:

　[PRIMARY] [NAME = logical_file_name,]

　FILENAME = ´os_file_name´

　[,SIZE = size]

　[,MAXSIZE = {max_size | UNLIMITED}]

　[,FILEGROWTH = growth_increment])[,…n]

　<filegroup>的格式是:

　FILEGROUP filegroup_name<filespec>[,…n]

实验 2.1　创建数据库

实验目的

1. 掌握运用 SSMS 中的设计工具创建数据库的方法;
2. 了解 SQL 语句创建数据库的方法;
3. 掌握数据库属性的设置。

实验内容

1. 运用 SSMS 中的设计工具创建图书管理数据库 TSGL,其他数据库参数均为默认值;
2. 运用 SQL 语句创建数据库 TSGL。

实验步骤

1. 运用 SSMS 中的设计工具创建数据库 TSGL。

(1)选择"开始"→"所有程序"→Microsoft SQL Server 2008→SQL Server Management Studio 命令,启动 SQL Server Management Studio 工具。

（2）在"连接到服务器"对话框中，单击"连接"按钮，如图 1－2－1 所示，将会弹出 Microsoft SQL Server 2008 工具主界面，如图 1－2－2 所示。

图 1－2－1 "连接到服务器"对话框

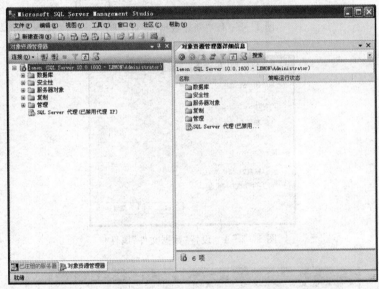

图 1－2－2 Microsoft SQL Server 2008 工具主界面

（3）在"对象资源管理器"窗口中的"数据库"文件夹上单击右键，选择"新建数据库"选项，将会弹出"新建数据库"对话框，如图 1－2－3 所示。

（4）在"常规"选项卡的"数据库名称"文本框中输入数据库的名称：TSGL。系统会自动为该数据库建立两个数据库文件：数据文件 TSGL.mdf 和日志文件 TSGL_log.ldf。

（5）在"数据库文件"栏目中，可以对数据库文件的默认属性进行修改，指定初始容量大小、自动增长方式以及存储路径等，如图 1－2－4 所示。

（6）单击"确定"按钮，则创建一个新数据库。在"对象资源管理器"中展开"数据库"对象，可以看到新建的 TSGL 数据库，如图 1－2－5 所示。

2. 用 SQL 语句创建数据库。

（1）打开 SSMS，直接单击工具栏中的" 新建查询(N) "按钮，打开查询编辑器窗口，如图 1－2－6 所示。

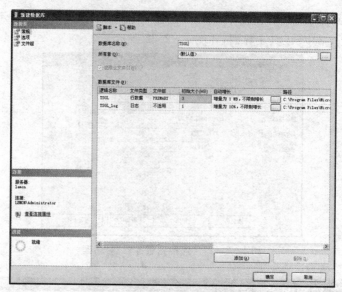

图 1-2-3 "新建数据库"对话框

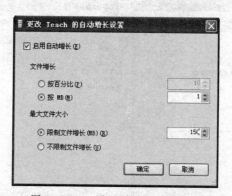

图 1-2-4 设置"数据文件"属性

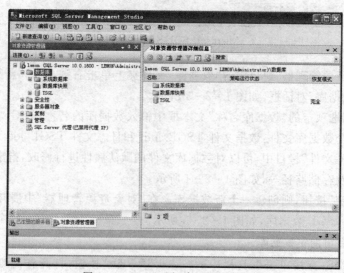

图 1-2-5 显示新建的数据库窗口

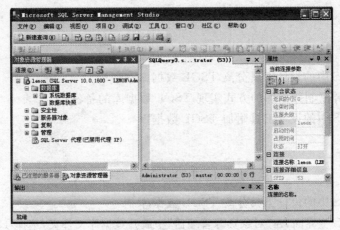

图 1-2-6　查询编辑器窗口

（2）在查询窗口中输入如下 SQL 语句：

```
CREATE DATABASE TSGL
  ON
  (NAME = TSGL_Data,
  FILENAME = ´E:\TSGLData.mdf´,
  SIZE = 10,
  MAXSIZE = 50,
  FILEGROWTH = 5)
LOG ON
  (NAME = TSGL_Log,
  FILENAME = ´E:\TSGLData.ldf´,
  SIZE = 5,
  MAXSIZE = 25,
  FILEGROWTH = 5)
```

（3）单击工具栏上的"分析"按钮，检查是否有语法错误。

（4）单击工具栏上的"执行"按钮，执行窗口中的 SQL 语句。语句成功执行后将创建 TS-GL 数据库。

实验 2.2　分离和附加数据库

实验目的

1. 掌握运用 SSMS 中的设计工具分离数据库；
2. 掌握通过分离并复制数据库的方式实现数据库备份；
3. 掌握运用 SSMS 中的设计工具附加数据库。

实验内容

1. 运用 SSMS 中的设计工具分离 TSGL 数据库；
2. 通过分离并复制数据库的方式实现 TSGL 数据库的备份；
3. 运用 SSMS 中的设计工具附加 TSGL 数据库。

实验步骤

1. 运用 SSMS 中的设计工具分离 TSGL 数据库。

（1）打开 SSMS 主界面，在"对象资源管理器"中展开数据库文件夹，选择 TSGL 数据库，单击右键，在弹出的快捷菜单中选择"任务"→"分离"，将弹出"分离数据库"窗口，如图 1-2-7 所示。

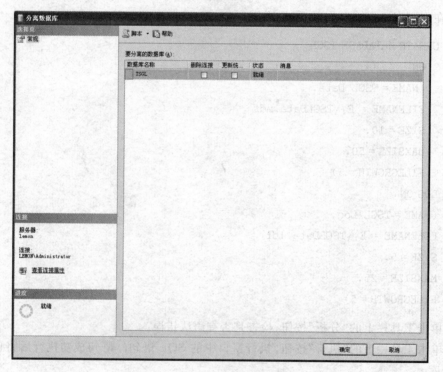

图 1-2-7 "分离数据库"窗口

（2）选中"删除连接"、"更新统计信息"复选框，单击"确定"按钮。

（3）查看"对象资源管理器"中的数据库文件夹，数据库 TSGL 已经消失。

2. 通过分离并复制数据库的方式实现 TSGL 数据库的备份。

（1）根据分离数据库的方法，将 TSGL 数据库从服务器上分离。

（2）打开资源管理器，打开 TSGL 数据库存储目录，如图 1-2-8 所示。将数据库文件 TSGL.mdf 和 TSGL_log.ldf 复制到 U 盘或者移动硬盘。

（3）检查目标盘上是否存在上面的文件。

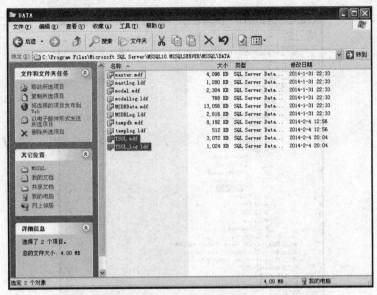

图 1-2-8 资源管理器

3. 运用 SSMS 中的设计工具附加 TSGL 数据库。

(1)在"对象资源管理器"中选择"数据库"文件夹,单击右键,在弹出的快捷菜单中选择"附加"选项,将弹出"附加数据库"窗口,如图 1-2-9 所示。

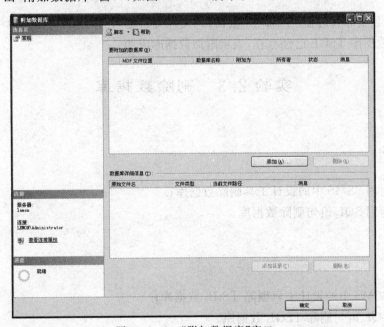

图 1-2-9 "附加数据库"窗口

(2)单击"添加"按钮,显示"定位数据库文件"对话框,选择存储目录下的 TSGL. mdf 数据库文件,如图 1-2-10 所示。

(3)单击"确定"按钮,回到"附加数据库"窗口中,可看到要附加的数据库的相应信息,单击"确定"按钮。

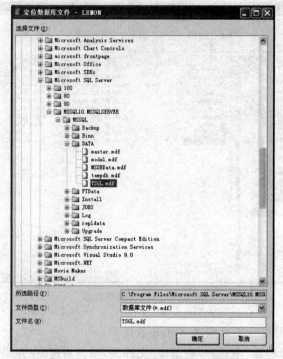

图 1 - 2 - 10 "定位数据库文件"对话框

(4)在"对象资源管理器"中,单击"数据库"文件夹右键,在弹出的快捷菜单中选择"刷新"选项,可看到数据库 TSGL 已经存在,表示附加数据库成功。

实验 2.3 删除数据库

实验目的

1. 掌握运用 SSMS 中的设计工具删除数据库;
2. 掌握运用 SQL 语句删除数据库。

实验内容

1. 运用 SSMS 中的设计工具删除 TSGL 数据库;
2. 运用 SQL 语句删除 TSGL 数据库。

实验步骤

1. 运用 SSMS 中的设计工具删除 TSGL 数据库。

(1)在"对象资源管理器"中展开数据库文件夹,选择 TSGL 数据库,单击右键,在弹出的快捷菜单中选择"删除"选项,将弹出"删除对象"窗口,如图1-2-11所示。

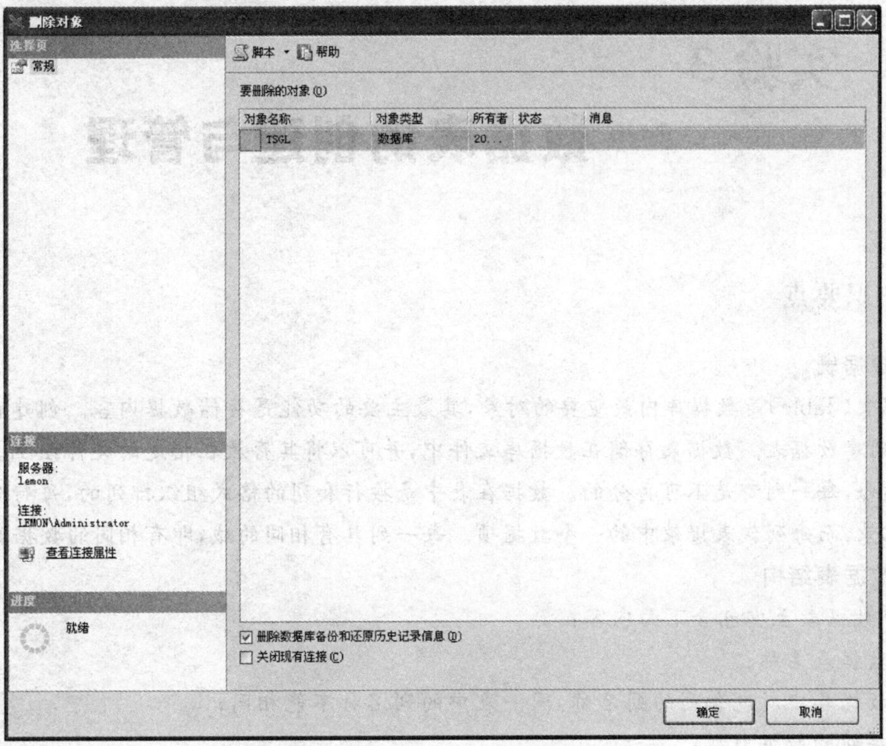

图1-2-11 "删除对象"窗口

（2）单击"确定"按钮,即可删除 TSGL 数据库。

2. 用 SQL 语句删除 TSGL 数据库。

（1）在 SSMS 界面的工具栏中单击" 新建查询(N) "按钮,打开查询编辑器窗口。

（2）在查询窗口中输入如下 SQL 语句:

    DROP DATABASE TSGL

（3）单击工具栏中的"执行"按钮,执行上述 SQL 语句。

（4）执行成功后,"对象资源管理器"中 TSGL 数据库就消失了。

思考与练习

1. 用 SQL Server Management Studio 中的设计工具创建数据库:数据库名称为 TSGL,设置初始大小为 4MB,把数据库 TSGL 文件增长参数设置为 2MB,最大文件大小参数设置为 20MB,存放路径为 D:\SJK。

2. 用 SQL Server Management Studio 中的设计工具分离 TSGL 数据库。

3. 分离数据库后,将数据库 TSGL 文件复制到 U 盘。

4. 用 SQL Server Management Studio 中的设计工具附加数据库 TSGL。

实验 3

数据表的创建与管理

知识要点

1. 数据表

数据表(Table)是数据库内最重要的对象,其最主要的功能是存储数据内容。创建数据库之后,即可创建数据表。数据表存储在数据库文件中,并可以将其存放在指定的文件组上。数据表是列的集合,每一列都是不可再分的。数据在表中是按行和列的格式组织排列的,每行代表唯一的一条记录,而每列代表记录中的一个数据项。每一列具有相同的域,即有相同的数据类型。

2. 数据表结构

每个数据表至少包含下面内容:

(1)数据表名称;

(2)数据表中所包含列的列名称,同一表中的列名称不能相同;

(3)每列的数据类型;

(4)列的长度(字符个数);

(5)每个列的取值是否可以为空(NULL)。

3. 创建数据表的 SQL 语句

CREATE TABLE

[database_name.[owner] .| owner.] table_name

({ < column_definition >

|column_name AS computed_column_expression

| < table_constraint > :: = [CONSTRAINT constraint_name] }

| [{ PRIMARY KEY | UNIQUE } [,… n]

]

[ON {filegroup | DEFAULT }]

< column_definition > :: = {column_name data_type }

[COLLATE < collation_name >]

[[DEFAULT constant_expression]

| [IDENTITY [(seed,increment)[NOT FOR REPLICATION]]]

]

[ROWGUIDCOL]

[< column_constraint >] [,… n]

< column_constraint > :: = [CONSTRAINTconstraint_name]

```
{ [ NULL | NOT NULL]
| [ { PRIMARY KEY | UNIQUE }
[ CLUSTERED | NONCLUSTERED]
[ WITH FILLFACTOR = fillfactor]
[ON {filegroup | DEFAULT}]
]
| [ [ FOREIGN KEY] REFERENCES ref_table [(ref_column)]
[ ON DELETE { CASCADE | NO ACTION }]
[ ON UPDATE { CASCADE | NO ACTION }]
[ NOT FOR REPLICATION]
]
| CHECK [ NOT FOR REPLICATION] (logical_expression)
}
< table_constraint > ::= [ CONSTRAINTconstraint_name]
{ [ { PRIMARY KEY | UNIQUE }
[ CLUSTERED | NONCLUSTERED]
{(column [ ASC | DESC] [,… n])}
[ WITH FILLFACTOR = fillfactor]
[ ON {filegroup | DEFAULT }]
]
| FOREIGN KEY [(column [,… n])] REFERENCES ref_table [(ref_column [,… n])]
[ ON DELETE { CASCADE | NO ACTION }]
[ ON UPDATE { CASCADE | NO ACTION }]
[ NOT FOR REPLICATION]
| CHECK [ NOT FOR REPLICATION] (search_conditions)
}
```

4. 修改数据表的 SQL 语句

```
ALTER TABLE[database_name.[schema_name].| schema_name.] table_name
{
ALTER COLUMN column_name
{[type_schema_name.] type_name [({ precision [,scale]
| max | xml_schema_collection})]
[ COLLATE < collation_name >]
[ NULL | NOT NULL]
| {ADD | DROP }
{ ROWGUIDCOL | PERSISTED | NOT FOR REPLICATION | SPARSE }
}
```

```
      | ADD { < column_definition >
      | <computed_column_definition>
      | <table_constraint>
      | <column_set_definition> } [,… n]
      | DROP { [ CONSTRAINT] constraint_name
      [ WITH(drop_clustered_constraint_option> [,… n])]
      | COLUMN column_name
      } [,… n]
```

5. 删除数据表的 SQL 语句

```
      DROP TABLE [database_name.[schema_name].| schema_name.] table_name
```

实验 3.1 创建数据表

实验目的

1. 掌握运用 SSMS 中的设计工具创建数据表的方法；
2. 掌握运用 SQL 语句创建数据表的方法。

实验内容

1. 运用 SSMS 中的设计工具在图书管理数据库 TSGL 中创建数据表，其表结构如表 1-3-1 至表 1-3-4 所示。

表 1-3-1   readers 表的结构

列名	数据类型	长度(字节数)	是否空值	描述	说明
ReaderID	char	10	NOT NULL	读者编号	主键
Rname	char	8	NULL	读者姓名	
ReaderType	int		NULL	读者类型	外键
BorrowedQuantity	int		NULL	已借数量	

表 1-3-2   books 表的结构

列名	数据类型	长度(字节数)	是否空值	描述	说明
BookID	char	15	NOT NULL	图书编号	主键
Bname	varchar	50	NULL	图书名称	
Author	char	8	NULL	作者	
Publisher	varchar	30	NULL	出版社	
PublishedDate	smalldatetime		NULL	出版日期	
Price	real		NULL	价格	

表 1 - 3 - 3 　 borrowinfo 表的结构

列名	数据类型	长度(字节数)	是否空值	描述	说明
Reader ID	char	10	NOT NULL	读者编号	主键(同时是外键)
BookID	char	15	NOT NULL	图书编号	主键(同时是外键)
BorrowedDate	smalldatetime		NOT NULL	借阅日期	
ReturnDate	smalldatetime		NULL	归还日期	

表 1 - 3 - 4 　 readtype 表的结构

列名	数据类型	长度(字节数)	是否空值	描述	说明
TypeID	int		NOT NULL	类型编号	主键
Tname	varchar	20	NOT NULL	类型名称	
LimitBorrowQuantity	int		NULL	限借数量	
BorrowTerm	int		NULL	借阅期限(月)	

2. 用 SQL 语句创建上述四个数据表。

🌸 **实验步骤**

1. 运用 SSMS 中的设计工具创建数据表。

(1)选择"开始"→"所有程序"→Microsoft SQL Server 2008→SQL Server Management Studio 命令,启动 SQL Server Management Studio 工具。在"连接到服务器"对话框中,单击"连接"按钮,按照默认方式连接服务器。

(2)在"对象资源管理器"窗口中,依次展开结点"数据库"→"TSGL"→"表",单击右键,在弹出的快捷菜单中选择"新建表"选项,弹出"表设计器"对话框。

(3)依次在"列名"栏输入 readers 表的列,在"数据类型"下拉列表中选择相应的数据类型,设置是否允许 Null 值,如图 1 - 3 - 1 所示。

(4)单击工具栏中的"保存"按钮,将弹出"选择名称"对话框,在"输入表名称"栏输入 readers,单击"确定"按钮,即可完成对数据表的创建。

(5)按照相同的步骤可以创建 books 表、borrowinfo 表和 readtype 表。

2. 运用 SQL 语句创建数据表。

(1)打开 SSMS 主界面,单击工具栏上的" 🔲 新建查询(N) "按钮,打开查询编辑器。

(2)在查询窗口中输入如下 SQL 语句:

```
CREATE TABLE readers
(Reader ID char(10),
Rname char(8),
Reader Type int,
Borrowed Quantity int)
```

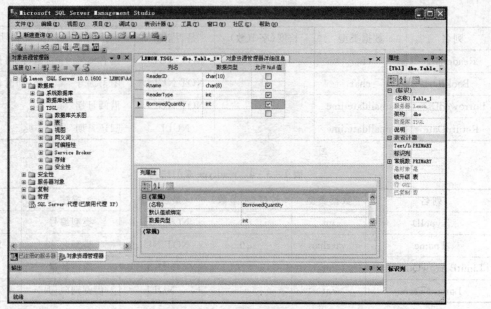

图 1-3-1　创建数据表

（3）单击工具栏上的"分析"按钮，检查是否有语法错误。

（4）单击工具栏上的"执行"按钮，执行窗口中的 SQL 语句。语句成功执行后将创建 readers 表。

（5）按照同样的方法可以创建 books 表、borrowinfo 表和 readtype 表。

实验 3.2　修改数据表

实验目的

1. 掌握运用 SSMS 中的设计工具修改数据表；

2. 掌握运用 SQL 语句修改数据表。

实验内容

1. 向已有的数据表 readers 中增加列 Phone。

列定义如下：

列名：Phone

数据类型：char

长度：11

允许空否：NOT NULL

2. 修改已有的数据表 readers 中的列定义。

将 Phone 的列定义修改为：

列名：Phone

数据类型:char

长度:15

允许空否:NULL

3. 删除 readers 中的 Phone 列。

实验步骤

1. 向已有的数据表 readers 中增加列 Phone。

(1)运用 SSMS 中的设计工具向已有的数据表 readers 中增加列 Phone。

①打开 SSMS 的主界面,在"对象资源管理器"中依次展开"数据库"→TSGL →"表"→ readers,单击右键,在弹出的快捷菜单中选择"设计"选项,将弹出"表设计器"窗口。

②单击"表设计器"窗口中列名最后一行的空白处,即箭头所指行,依次输入"列名: Phone;数据类型:char(11);允许 Null 值:NOT NULL",如图 1-3-2 所示。

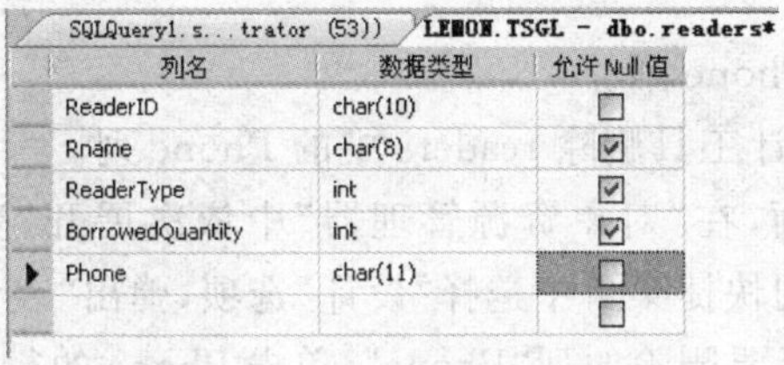

列名	数据类型	允许 Null 值
ReaderID	char(10)	☐
Rname	char(8)	☑
ReaderType	int	☑
BorrowedQuantity	int	☑
Phone	char(11)	☐
		☐

图 1-3-2 修改数据表结构

③单击工具栏上的"💾"按钮,即可实现对 readers 表的修改。

(2)运用 SQL 语句实现向已有的数据表 readers 中增加电话列 Phone。

①打开 SS SM 的主界面,单击工具栏上的"🔲新建查询(N)"按钮,打开查询编辑器。

②在查询窗口中输入如下 SQL 语句:

```
ALTER TABLE readers
ADD Phone char(11)NOT NULL
```

③单击工具栏上的"分析"按钮,检查是否有语法错误。

④单击工具栏上的"执行"按钮,执行窗口中的 SQL 语句。语句成功执行后将实现对 readers 表的修改。

2. 修改已有的数据表 readers 中的列 Phone。

(1)运用 SSMS 中的设计工具修改已有的数据表 readers 中的列 Phone。

①打开 SSMS 的主界面,在"对象资源管理器"中依次展开"数据库"→TSGL →"表"→ readers,单击右键,在弹出的快捷菜单中选择"设计"选项,弹出"表设计器"窗口。

②在"表设计器中"选择要修改的列"Phone",将其数据类型的长度直接改为"15",允许 Null 值为"空",如图 1-3-3 所示。

③单击工具栏上的"💾"按钮,即可实现对 readers 表的修改。

(2)运用 SQL 语句修改已有的数据表 readers 中的列 Phone。

①打开 SSMS 的主界面,单击工具栏上的"🔲新建查询(N)"按钮,打开查询编辑器。

图 1-3-3 修改数据表结构

②在查询窗口中输入如下 SQL 语句：

    ALTER TABLE readers
    ALTER COLUMN Phone char(15)NULL

③单击工具栏上的"分析"按钮，检查是否有语法错误。

④单击工具栏上的"执行"按钮，执行窗口中的 SQL 语句。语句成功执行后将实现对 readers 表的修改。

3. 删除 readers 中的 Phone 列。

(1)运用 SSMS 中的设计工具删除 readers 中的 Phone 列。

①打开 SSMS 的主界面，在"对象资源管理器"中依次展开"数据库"→TSGL →"表"→ readers，单击右键，在弹出的快捷菜单中选择"设计"选项，弹出"表设计器"窗口。

②在"表设计器中"选择要删除的列"Phone"，单击 Phone 的行选择器，如图 1-3-4 所示。

图 1-3-4 修改数据表结构

③单击右键，在弹出的快捷菜单中选择"删除列"选项，列 Phone 即可从 readers 表中删除。

(2)运用 SQL 语句删除 readers 中的 Phone 列。

①打开 SSMS 的主界面，单击工具栏上的" 新建查询(N) "按钮，打开查询编辑器。

②在查询窗口中输入如下 SQL 语句：

    ALTER TABLE readers
    DROP COLUMN Phone

③单击工具栏上的"分析"按钮，检查是否有语法错误。

④单击工具栏上的"执行"按钮，执行窗口中的 SQL 语句。语句成功执行后将从 readers 表中删除列 Phone。

实验 3.3 删除数据表

实验目的

1. 掌握运用 SSMS 中的设计工具删除数据表；
2. 掌握运用 SQL 语句删除数据表。

实验内容

1. 运用 SSMS 中的设计工具删除 TSGL 数据库中的数据表；
2. 运用 SQL 语句删除 TSGL 数据库中的数据表。

实验步骤

1. 运用 SSMS 中的设计工具删除 TSGL 数据库中的数据表 readers。

(1)在"对象资源管理器"中展开数据库文件夹，选择 TSGL 数据库中的数据表 readers，单击右键，在弹出的快捷菜单中选择"删除"选项，将弹出"删除对象"窗口，如图 1-3-5 所示。

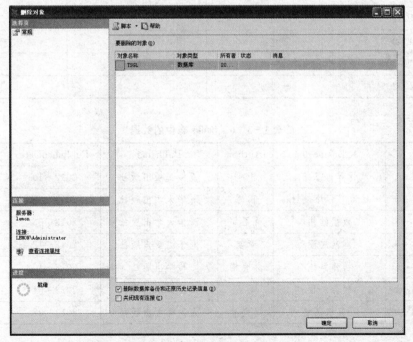

图 1-3-5 "删除对象"窗口

(2)单击"确定"按钮，即可删除 readers 数据表。

2. 用 SQL 语句删除 TSGL 数据库中的数据表 readers。

(1)打开 SSMS 的主界面,单击工具栏中单击"[新建查询(N)]"按钮,打开查询编辑器窗口。

(2)在查询窗口中输入如下 SQL 语句:

```
DROP TABLE readers
```

(3)单击工具栏中的"执行"按钮,执行上述 SQL 语句。

(4)执行成功后,readers 数据表就消失了。

思考与练习

1. 分别运用 SSMS 中的设计工具和 SQL 语句在 TSGL 数据库中创建 readers 表、books 表、borrowinfo 表和 readtype 表。

2. 向数据库 TSGL 中的四个数据表输入数据,如表 1-3-5 至表 1-3-8 所示。

表 1-3-5 readers 表中的数据

ReaderID	Rname	Reader Type	Borrowed Quantity
2014000001	张斌	0	3
2014100101	王蕾	1	2
2014100102	葛鹏	1	1
2014000002	徐辉	0	5
2014100103	李丽丽	1	2
2014000003	张建国	0	4
2014000004	王一凡	0	2
2014200201	李平方	2	1

表 1-3-6 books 表中的数据

BookID	Bname	Author	Publisher	PublishedDate	Price
5084-3587-1	计算机基础	王平	机械工业出版社	2012-10	32
5295-7847-5	C语言程序设计	田峰	清华大学出版社	2013-02	35
2547-6587-1	数据结构	许勇军	清华大学出版社	2013-05	28
3689-5869-8	网站建设	章星	电子工业出版社	2012-12	29
1258-4587-6	操作系统	林晓梅	科学出版社	2013-10	36
1476-2586-4	软件工程	周宏	人民邮电出版社	2013-04	30
2479-3458-9	计算机网络	冯向春	人民邮电出版社	2013-08	32

表 1 - 3 - 7　borrowinfo 表中的数据

ReaderID	BookID	BorrowedDate	ReturnDate
2014000001	5295 - 7847 - 5	2013 - 05 - 08	2013 - 07 - 08
2014100101	1476 - 2586 - 4	2013 - 08 - 12	2013 - 09 - 12
2014100101	2479 - 3458 - 9	2013 - 04 - 15	2013 - 05 - 15
2014100103	3689 - 5869 - 8	2013 - 06 - 20	2013 - 07 - 20
2014000004	2547 - 6587 - 1	2013 - 10 - 12	2013 - 12 - 12
2014000004	1476 - 2586 - 4	2013 - 09 - 03	2013 - 11 - 03
2014200201	3689 - 5869 - 8	2013 - 02 - 20	2013 - 03 - 20

表 1 - 3 - 8　readtype 表中的数据

TypeID	Tname	LimitBorrowQuantity	BorrowTerm
0	教师	5	2
1	学生	3	1
2	其他	2	1

3. 给 readers 表增加一个字段,长度为 2 个字符的性别 Sex。

4. 删除 readers 表中的 Sex 字段。

5. 删除表 readtype。

实验 4

完整性约束

 知识要点

1. 完整性约束作用的对象

(1)关系:若干元组间、关系集合上以及关系之间的联系的约束。

(2)元组:元组中各个字段间的联系的约束。

(3)列:列的类型、取值范围、精度、唯一性、为空性、缺省定义、CHECK 约束、主键约束、外键约束。

2. 完整性约束类型

(1)实体完整性;

(2)域完整性;

(3)参照完整性;

(4)用户定义完整性。

3. 实体完整性

实体完整性是为了保证表中的每一行都是唯一的。实体完整性作用的对象是列,通过指定一个表中的某个属性或一组属性作为主键来实现。一个表中只有一个主键,且主键字段值不能为空,也不能重复。在 CREATE TABLE 中用 PRIMARY KEY 定义实体完整性。

PRIMARY KEY 既可用于列约束,也可用于表约束。PRIMARY KEY 用于定义列约束时,其语法格式如下:

[CONSTRAINT <约束名>] PRIMARY KEY

PRIMARY KEY 用于定义表约束时,即将某些列的组合定义为主键时,其语法格式如下:

[CONSTRAINT <约束名>] PRIMARY KEY(<列名>[{,<列名>}])

实体完整性规则:主关系键的值不能为空或部分为空。

4. 域完整性

域完整性作用的对象是列,是指给定列必须满足某种特定的数据类型或约束。如表中的 NOT NULL(非空)、UNIQUE(唯一)、CHECK(检查)、DEFAULT(默认值)约束都属于域完整性的范畴。

(1)NULL/NOT NULL 约束。NULL 值表示"不知道"、"不确定"或"没有数据"的意思。当某一字段的值一定要输入值才有意义的时候,则可以设置为 NOT NULL。该约束只能用于定义列约束,其语法格式如下:

[CONSTRAINT ＜约束名＞][NULL/NOT NULL]

（2）UNIQUE 约束。UNIQUE 约束（唯一约束）用于指明基本表在某一列或多个列的组合上的取值必须唯一。UNIQUE 既可用于列约束，也可用于表约束。UNIQUE 用于定义列约束时，其语法格式如下：

[CONSTRAINT ＜约束名＞] UNIQUE

UNIQUE 用于定义表约束时，其语法格式如下：

[CONSTRAINT ＜约束名＞] UNIQUE(＜列名＞[{,＜列名＞}])

（3）DEFAULT 约束。DEFAULT 约束为默认值约束，若将某些列中出现频率最高的属性值定义为 DEFAULT 约束中的默认值，当用户向表中插入数据时，如果这些列未明确给出插入值，那么 SQL Server 将用预先在这些列上定义的值作为插入值。

DEFAULT 既可用于列约束，也可用于表约束。DEFAULT 用于定义列约束时，其语法格式如下：

[CONSTRAINT ＜约束名＞] DEFAULT ＜默认值＞

DEFAULT 用于定义表约束时，其语法格式如下：

[CONSTRAINT ＜约束名＞] DEFAULT ＜默认值＞ FOR ＜列名＞

（4）CHECK 约束。CHECK 约束通过限制输入到列中的值来强制域的完整性。使用 CHECK 约束可以实现当用户在向数据库表中执行 INSERT 和 UPDATE 语句时，由 SQL Server 检查新行中的带有 CHECK 约束的列值，使其必须满足约束条件。

CHECK 既可用于列约束，也可用于表约束，其语法格式为：

[CONSTRAINT ＜约束名＞] CHECK(＜条件表达式＞)

若只对某一字段定义 CHECK 约束，可为列约束；若在多个字段上定义 CHECK 约束，则必须为表约束。

5. 参照完整性

参照完整性作用的对象是关系。它是指两个表的主键和外键数据应对应一致，既可确保表间数据的一致性，又能防止数据丢失或无意义的数据在数据库中存在。在 CREATE TABLE 中，通过 FOREIGN KEY 短语定义哪些列为外键，用 REFERENCES 短语指明这些外键参照了哪些表的主键，从而使从表在外键上的取值是主表中某一个主键值，或者取空值，以此保证两个表之间的连接。

FOREIGN KEY 既可用于列约束，也可用于表约束，用于列约束的语法格式为：

[CONSTRAINT ＜约束名＞] FOREIGN KEY REFERENCES ＜主表名＞(＜列名＞[{,＜列名＞}])

用于表约束的语法格式为：

[CONSTRAINT ＜约束名＞] FOREIGN KEY(＜外码名＞) REFERENCES ＜主表名＞(＜列名＞[{,＜列名＞}])

参照完整性规则：若属性(或属性组)X 是关系 R 的外码，它与关系 S 的主码相对应，则对于 R 中每个元组在 X 上的值或者等于 S 中某个元组的主码值，或者取空值。

6. 用户定义完整性

用户定义完整性是针对某个特定关系数据库的约束条件，它反映某一具体应用所涉及的数据必须满足的语义要求，其作用的对象可以是列，也可以是元组或关系。所有的完整性类型都支持用户定义完整性，如 CREATE TABLE 中的所有列级和表级约束、存储过程和触发器。

实验 4.1　实体完整性约束

实验目的

1. 掌握运用 SSMS 中的设计工具创建 PRIMARY KEY 约束；
2. 掌握运用 SQL 语句创建 PRIMARY KEY 约束。

实验内容

1. 运用 SSMS 中的设计工具为 TSGL 数据库中的数据表创建 PRIMARY KEY 约束；
2. 运用 SQL 语句为 TSGL 数据库中的数据表创建 PRIMARY KEY 约束。

实验步骤

1. 运用 SSMS 中的设计工具为 TSGL 数据库中的数据表 readers 创建 PRIMARY KEY 约束。

(1)打开 SSMS 的主界面，在"对象资源管理器"中依次展开"数据库"→TSGL→"表"→readers，单击右键，在弹出的快捷菜单中选择"设计"选项，弹出"表设计器"窗口。

(2)在"表设计器"窗口选中"Reader ID"列，单击右键，从弹出的快捷菜单中选择"设置主键"选项，即可看到在"Reader ID"列前出现 图标，表示已将"Reader ID"设置为主键，如图 1-4-1 所示。保存之后，在"对象资源管理器"中 readers 表的"键"文件夹下会显示一个主键约束。

列名	数据类型	允许 Null 值
ReaderID	char(10)	☐
Rname	char(8)	☑
ReaderType	int	☑
BorrowedQuantity	int	☑
		☐

图 1-4-1　在"表设计器"中为表 readers 创建主键

2. 运用 SQL 语句创建 PRIMARY KEY 约束。

(1)打开 SSMS 的主界面，单击工具栏上的" 新建查询(N)"按钮，打开查询编辑器窗口。

（2）若在 TSGL 数据库中创建 readers 表并定义 ReaderID 为主键,可在查询窗口中输入如下 SQL 语句:

```
CREATE TABLE readers
(ReaderID char(10)CONSTRAINT R_Prim PRIMARY KEY,
Rname char(8),
ReaderType int,
Borrowed Quantity int)
```

若是在创建 readers 表时没有定义 ReaderID 为主键,则需要添加主键,可在查询窗口中输入如下 SQL 语句:

```
ALTER TABLE readers
ADD
CONSTRAINT R_Prim PRIMARY KEY(ReaderID)
```

（3）单击工具栏上的"分析"按钮,检查是否有语法错误。

（4）单击工具栏上的"执行"按钮,执行窗口中的 SQL 语句。语句成功执行后完成主键的创建。

实验 4.2　域完整性约束

实验目的

1. 掌握运用 SSMS 中的设计工具为列创建 UNIQUE 约束、DEFAULT 约束和 CHECK 约束;

2. 掌握运用 SQL 语句为列创建 UNIQUE 约束、DEFAULT 约束、CHECK 约束。

实验内容

1. 运用 SSMS 中的设计工具为表 readtype 创建 UNIQUE 约束:Tname 列的取值唯一;

2. 运用 SSMS 中的设计工具为表 readers 创建 DEFAULT 约束:ReaderType 列默认为 1;

3. 运用 SSMS 中的设计工具为表 readtype 创建 CHECK 约束:LimitBorrowQuantity>=1 AND LimitBorrowQuantity<=5;

4. 运用 SQL 语句分别实现上述三类约束。

实验步骤

1. 为表 readtype 创建 UNIQUE 约束。

（1）运用 SSMS 中的设计工具为现有表 readtype 创建 Tname 列的 UNIQUE 约束。

①打开 SSMS 主界面,在"对象资源管理器"中依次展开"数据库"→TSGL→"表"→read-type,单击右键,在弹出的快捷菜单中选择"设计"选项,弹出"表设计器"窗口。

②在"表设计器"窗口中单击右键,从弹出的快捷菜单中选择"索引/键"选项,弹出"索引/键"对话框,如图 1-4-2 所示。

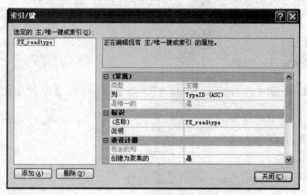

图 1-4-2 "索引/键"对话框

③在弹出"索引/键"对话框中单击"添加"按钮,新建一个主/唯一键或索引,然后在"(常规)"栏的"类型"右边的下拉列表中选择"唯一键",在"列"的右边单击▦按钮,选择列名 Tname 和排列顺序 ASC(升序)或 DESC(降序),如图 1-4-3 所示。

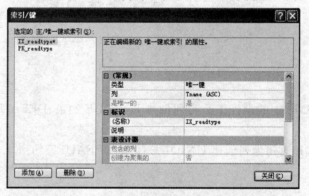

图 1-4-3 "索引/键"对话框中设置属性

④设置完成后,单击"关闭"按钮,返回"表设计器"窗口,然后单击工具栏上的"保存"按钮,完成 UNIQUE 约束的创建。

(2)运用 SQL 语句为表 readtype 定义或修改 UNIQUE 约束。

①打开 SSMS 的主界面,单击工具栏上的" 新建查询(N) "按钮,打开查询编辑器窗口。

②若在 TSGL 数据库中创建 readtype 表并定义 Tname 为唯一键,可在查询窗口中输入如下 SQL 语句:

```
CREATE TABLE readtype
(TypeID int CONSTRAINT T_Prim PRIMARY KEY,
Tname varchar(20)CONSTRAINT T_Uniq UNIQUE,
LimitBorrowQuantity int,
```

BorrowTerm int)

若是在创建 readtype 表时没有定义 Tname 为唯一键,则需要添加唯一键,可在查询窗口中输入如下 SQL 语句:

ALTER TABLE readtype

ADD

CONSTRAINT T_Uniq UNIQUE(Tname)

③单击工具栏上的"分析"按钮,检查是否有语法错误。

④单击工具栏上的"执行"按钮,执行窗口中的 SQL 语句。语句成功执行后完成唯一键的创建。

2. 为表 readers 创建 DEFAULT 约束。

(1)运用 SSMS 中的设计工具为表 readers 创建 DEFAULT 约束。

①打开 SSMS 的主界面,在"对象资源管理器"中依次展开"数据库"→TSGL→"表"→readers,单击右键,在弹出的快捷菜单中选择"设计"选项,弹出"表设计器"窗口。

②在"表设计器"窗口中选中"ReaderType"列,从"列属性"选项下的"(常规)"属性中选择"默认值或绑定"文本框,在文本框输入"1",即为"ReaderType"列设置了默认值"1",如图1-4-4所示。

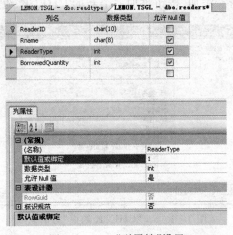

图 1-4-4 "列属性"设置

③保存之后,在"对象资源管理器"中 readers 表的"约束"文件夹下会显示一个默认值约束。当向 readers 表输入数据时,若在"ReaderType"列未输入值,系统会自动填上默认值"1"。

(2)运用 SQL 语句为表 readers 定义或修改 DEFAULT 约束。

①打开 SSMS 的主界面,单击工具栏上的"📄 新建查询(N)"按钮,打开查询编辑器窗口。

②若在 TSGL 数据库中创建 readers 表并定义 DEFAULT 约束,可在查询窗口中输入如下 SQL 语句:

CREATE TABLE readers

(ReaderID char(10)CONSTRAINT R_Prim PRIMARY KEY,

```
Rname char(8),
ReaderType int DEFAULT 1,
Borrowed Quantity int)
```

若是在创建 readers 表时没有定义默认值,则需要添加默认值,可在查询窗口中输入如下 SQL 语句:

```
ALTER TABLE readers
ADD
CONSTRAINT R_Deft DEFAULT 1 FOR ReaderType
```

③单击工具栏上的"分析"按钮,检查是否有语法错误。

④单击工具栏上的"执行"按钮,执行窗口中的 SQL 语句。语句成功执行后完成 DE-FAULT 约束的创建。

3. 为表 readtype 创建 CHECK 约束。

(1)运用 SSMS 中的设计工具为表 readtype 创建 LimitBorrowQuantity 列的 CHECK 约束。

①打开 SSMS 的主界面,在"对象资源管理器"中依次展开"数据库"→TSGL→"表"→readtype,单击右键,在弹出的快捷菜单中选择"设计"选项,弹出"表设计器"窗口。

②在"表设计器"窗口中单击右键,从弹出的快捷菜单中选择"CHECK 约束"选项,弹出 "CHECK 约束"对话框,选择"添加"按钮添加一个新的 CHECK 约束,如图 1-4-5 所示。

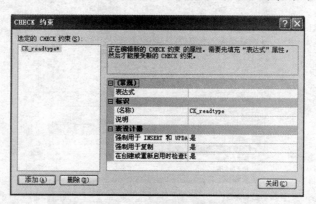

图 1-4-5 "CHECK 约束"对话框

③单击"表达式"文本框右边[...]按钮,打开"CHECK 约束表达式"对话框,在对话框中输入 LimitBorrowQuantity 的取值范围,如图 1-4-6 所示。

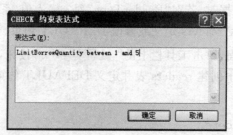

图 1-4-6 "CHECK 约束表达式"对话框

④单击"确定"按钮关闭对话框,设置其他选项的配置为默认,然后关闭"CHECK 约束"对话框。选择"保存"命令将保存所创建的 CHECK 约束。

(2)运用 SQL 语句为表 readtype 定义或修改 CHECK 约束。

①打开 SSMS 的主界面,单击工具栏上的"　新建查询(N)"按钮,打开查询编辑器窗口。

②若在 TSGL 数据库中创建 readtype 表并定义 CHECK 约束,可在查询窗口中输入如下 SQL 语句:

```
CREATE TABLE readtype
(TypeID int CONSTRAINT T_Prim PRIMARY KEY,
Tname varchar(20),
LimitBorrowQuantity int CONSTRAINT T_Chk CHECK(LimitBorrowQuantity Between
1 AND 5),
BorrowTerm int)
```

若是在创建 readtype 表时没有定义 CHECK 约束,则需要添加 CHECK 约束,可在查询窗口中输入如下 SQL 语句:

```
ALTER TABLE readtype
ADD
CONSTRAINTT_Chk CHECK(LimitBorrowQuantity Between 1 AND 5
```

③单击工具栏上的"分析"按钮,检查是否有语法错误。

④单击工具栏上的"执行"按钮,执行窗口中的 SQL 语句。语句成功执行后完成 CHECK 约束的创建。

实验 4.3　参照完整性约束

实验目的

掌握通过外键实现参照完整性约束的方法。

实验内容

1. 运用 SSMS 中的设计工具创建表 readers 和表 readtype 之间的参照关系;
2. 运用 SQL 语句创建表 readers 和表 readtype 之间的参照关系。

实验步骤

1. 运用 SSMS 中的设计工具创建表 readers 和表 readtype 之间的参照关系。

(1)打开 SSMS 的主界面,在"对象资源管理器"中依次展开"数据库"→TSGL→"表"→

readers,单击右键,在弹出的快捷菜单中选择"设计"选项,弹出"表设计器"窗口。

(2)在"表设计器"窗口中单击右键,从弹出的快捷菜单中选择"关系"选项,弹出"外键关系"对话框,选择"添加"按钮添加一个新的外键关系,如图1-4-7所示。

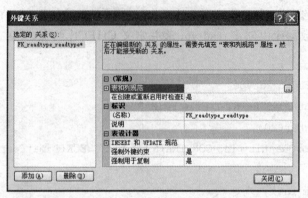

图 1-4-7 "外键关系"对话框

(3)单击"(常规)"栏的"表和列规范"文本框右边的按钮,打开"表和列"对话框,在主键表下拉列表中选择 readtype 表,对应的列选择 TypeID,在外键表 readers 对应的列中选择 ReaderType,如图 1-4-8 所示,表示 readers 表中的 ReaderType 列为外键,它参照了 readtype 表中的 TypeID 列,从而实现参照完整性约束。

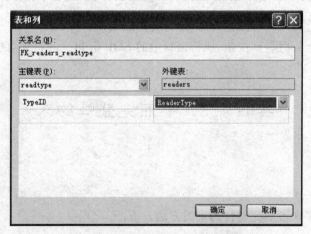

图 1-4-8 "表和列规范"对话框

(4)单击"确定"按钮回到"外键关系"对话框,设置其他选项的配置为默认,然后关闭对话框。单击"保存"命令保存所创建的外键约束。

2. 运用 SQL 语句创建表 readers 和表 readtype 之间的参照关系。

(1)打开 SSMS 的主界面,单击工具栏上的" 新建查询(N) "按钮,打开查询编辑器窗口。

(2)若在 TSGL 数据库中创建 readers 表并定义外键约束,可在查询窗口中输入如下 SQL 语句:

```
CREATE TABLE readers
(ReaderID char(10)CONSTRAINT R_Prim PRIMARY KEY,
```

```
Rname char(8),

ReaderType CONSTRAINT R_For FOREIGN KEY REFERENCES readtype(TypeID),

Borrowed Quantity int)
```

若是在创建 readers 表时没有定义外键约束,则需要添加外键约束,可在查询窗口中输入如下 SQL 语句:

```
ALTER TABLE readers

ADD

CONSTRAINTR_For FOREIGN KEY TypeID REFERENCES readtype(TypeID)
```

(3)单击工具栏上的"分析"按钮,检查是否有语法错误。

(4)单击工具栏上的"执行"按钮,执行窗口中的 SQL 语句。语句成功执行后完成外键的创建。

思考与练习

分别运用 SSMS 中的设计工具和 SQL 语句实现下列完整性约束:

1. 对 TSGL 数据库中的各表创建主键约束。

2. 在 TSGL 数据库中创建表之间的参照完整性。

3. 用不同的方法创建下列约束:

(1)Rname 字段取值唯一;

(2)Publisher 字段的缺省值为"清华大学出版社";

(3)BorrowTerm 字段取值限定为:1～3。

4. 用实例验证上面创建的各完整性约束。

实验 5

索引

 **知识要点**

1. 索引

索引是基本表的目录,实际上就是记录的关键字与其相应地址的对应表。使用索引能够快速访问表中的记录,提高查询速度。何时使用索引由 DMBS 确定。

2. 索引类型

在 SQL Server 2008 中,主要的索引类型包括聚集索引、非聚集索引、唯一索引等。

(1)聚集索引。聚集索引是按索引字段的某种顺序来重新排列记录,并且按照排好的顺序存储。只有当表中包含聚集索引时,表中的记录才按排序顺序存储。在 SQL Server 中,如果表中创建了 PRIMARY KEY 约束,系统会自动在此 PRIMARY KEY 键上创建聚集索引。

聚集索引的特点有:①每个表只能有一个聚集索引;②聚集索引改变数据的物理排序方式,使得数据行的物理顺序和索引中的键值顺序是一致的。所以,应该在创建任何非聚集索引之前创建聚集索引。

(2)非聚集索引。非聚集索引按索引字段的某种顺序来重新排列记录,但是排列的结果并不会存储在表中。在非聚集索引中,每个索引都有指针指向包含该键值的记录。

非聚集索引的特点有:①如果创建索引时没有指定索引类型,默认情况下为非聚集索引;②应在创建非聚集索引之前创建聚集索引;③每个表最多可以创建 259 个非聚集索引;④最好在唯一值较多的列上创建非聚集索引。

(3)唯一索引。唯一索引表示表中每一个索引值都是唯一的,不包含重复的值。在定义 PRIMARY KEY 或 UNIQUE 约束时,系统会自动为指定的列创建唯一索引。两者的区别在于,前者会建立一个聚集索引,而后者则建立一个非聚集的唯一索引。

3. 使用索引的准则

一般情况,应当在经常被查询的列上创建索引,以便提高查询速度。但索引将占用磁盘空间,并且降低添加、删除、更新行的速度。

(1)创建查询的列。创建查询的列主要包括:①主关键字所在的列;②外部关键字所在的列或在连接查询中经常使用的列;③按关键字的范围值进行查询的列;④按关键字的排序顺序访问的列。

(2)不使用索引的列。不使用索引的列包括:①在查询中很少涉及的列;②包含较少的唯一值;③更新性能比查询性能更重要的列;④有 text、ntext 或 image 数据类型定义的列。

4. 创建索引的 SQL 语句

CREATE [UNIQUE] [CLUSTER] INDEX ＜索引名＞

ON ＜表名＞(＜列名＞[ASC | DESC] [{,＜列名＞}][ASC | DESC]…)

实验 5.1　创建索引

实验目的

1. 掌握运用 SSMS 中的设计工具创建聚集索引；
2. 掌握运用 SQL 语句创建聚集索引；
3. 掌握运用 SSMS 中的设计工具创建非聚集索引；
4. 掌握运用 SQL 语句创建非聚集索引。

实验内容

1. 运用 SSMS 中的设计工具为表 borrowinfo 在列 ReaderID 和列 BookID 上创建 PRI-MARY KEY，则系统自动在此 PRIMARY KEY 键上按升序创建聚集索引；
2. 运用 SQL 语句为表 books 在 BookID 列上按降序创建聚集索引；
3. 运用 SSMS 中的设计工具为表 books 在 Bname 上按升序和在 Author 列上按降序创建非聚集索引；
4. 运用 SQL 语句为表 readers 在 Rname 列上按升序创建唯一索引。

实验步骤

1. 运用 SSMS 中的设计工具为表 borrowinfo 在列 ReaderID 和列 BookID 上创建 PRI-MARY KEY，则此主键自动创建聚集索引。

（1）打开 SSMS 的主界面，在"对象资源管理器"中依次展开"数据库"→TSGL →"表"→borrowinfo，单击右键，在弹出的快捷菜单中选择"设计"选项，弹出"表设计器"窗口。

（2）在"表设计器"窗口中同时选中 ReaderID 列和 BookID 列，单击右键，从弹出的快捷菜单中选择"设置主键"选项，即可看到在 ReaderID 列和 BookID 列前出现 图标，表示已将 ReaderID 和 BookID 设置为主键，如图 1-5-1 所示。

LEMON.TSGL ...borrowinfo*	LEMON.TSGL - dbo.books	
列名	数据类型	允许 Null 值
ReaderID	char(10)	☐
BookID	char(15)	☐
BorrowedDate	datetime	☐
ReturnDate	datetime	☑
		☐

图 1-5-1　为表 borrowinfo 设置主键

(3)单击工具栏上的"保存"按钮,保存对表 borrowinfo 的主键约束的设置。

(4)在"表设计器"窗口中单击右键,从弹出的快捷菜单中选择"索引/键"选项,弹出"索引/键"对话框,可以看到在该对话框的"表设计器"栏的"创建为聚集的"的文本框中显示为"是",表示系统自动在该主键列上创建了一个聚集索引,如图 1-5-2 所示。

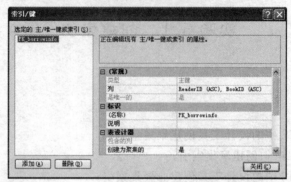

图 1-5-2 在 borrowinfo 表中创建主键后的索引属性

2. 运用 SQL 语句为表 books 在 BookID 列上按降序创建聚集索引。

(1)打开 SSMS 的主界面,单击工具栏上的" 新建查询(N) "按钮,打开查询编辑器窗口。

(2)在查询窗口中输入如下 SQL 语句:

```
CREATE CLUSTER INDEX IND_BID
ONbooks(BookID DESC)
```

(3)单击工具栏上的"分析"按钮,检查是否有语法错误。

(4)单击工具栏上的"执行"按钮,执行窗口中的 SQL 语句。语句成功执行后完成索引的创建。

3. 运用 SSMS 中的设计工具为表 books 在 Bname 上按升序和在 Author 列上按降序创建非聚集索引。

(1)打开 SSMS 的主界面,在"对象资源管理器"中依次展开"数据库"→TSGL →"表"→books,单击右键,在弹出的快捷菜单中选择"设计"选项,弹出"表设计器"窗口。

(2)在"表设计器"窗口中单击右键,从弹出的快捷菜单中选择"索引/键"选项,弹出"索引/键"对话框,单击"新建"按钮,创建一个新的索引。在"(常规)"栏的"列"的右边单击按钮,弹出"索引列"对话框,先在列名中选择 Bname 列,排列顺序选择升序,再选择 Author 列,排列顺序选择降序,如图 1-5-3 所示。

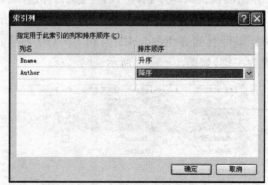

图 1-5-3 "索引列"对话框

（3）单击"确定"按钮，返回到"索引/键"对话框，单击"关闭"按钮，回到"表设计器"窗口，单击工具栏上的"保存"按钮，保存为表 books 创建的非聚集索引。

4. 运用 SQL 语句为表 readers 在 Rname 列上按升序创建唯一索引。

（1）打开 SSMS 的主界面，单击工具栏上的"　新建查询(N)"按钮，打开查询编辑器窗口。

（2）在查询窗口中输入如下 SQL 语句：

```
CREATE UNIQUE INDEX IND_RNA
ONreaders(Rname ASC)
```

（3）单击工具栏上的"分析"按钮，检查是否有语法错误。

（4）单击工具栏上的"执行"按钮，执行窗口中的 SQL 语句。语句成功执行后完成索引的创建。

实验 5.2　删除索引

实验目的

1. 掌握运用 SSMS 中的设计工具删除索引；
2. 掌握运用 SQL 语句删除索引。

实验内容

1. 运用 SSMS 中的设计工具删除表 readers 中的索引 IND_RNA；
2. 运用 SQL 语句删除表 books 中的索引 IX_books。

实验步骤

1. 运用 SSMS 中的设计工具删除表 readers 中的索引 IND_RNA。

（1）打开 SSMS 的主界面，在"对象资源管理器"中依次展开"数据库"→TSGL →"表"→readers→"索引"，如图 1-5-4 所示。

（2）选择"索引"文件夹中的索引 IND_RNA，单击右键，在弹出的快捷菜单中选择"删除"选项，弹出"删除对象"对话框，如图 1-5-5 所示。

（3）单击"确定"按钮，即可删除索引 IND_RNA。

2. 运用 SQL 语句删除表 books 中的索引 IX_books。

（1）打开 SSMS 的主界面，单击工具栏上的"　新建查询(N)"按钮，打开查询编辑器窗口。

（2）在查询窗口中输入如下 SQL 语句：

```
DROP INDEX books IX_books
```

（3）单击工具栏上的"分析"按钮，检查是否有语法错误。

(4)单击工具栏上的"执行"按钮,执行窗口中的 SQL 语句。语句成功执行后完成索引的删除。

图 1-5-4 "对象资源管理器"窗口

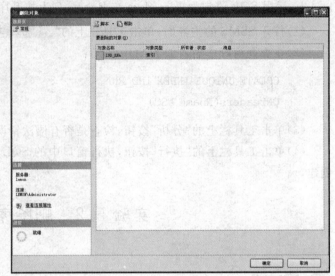

图 1-5-5 "删除对象"对话框

思考与练习

分别运用 SSMS 中的设计工具和 SQL 语句创建下列索引:

1. 对 readtype 表中的类型编号 TypeID 创建聚集索引,并按降序排列。

2. 对 borrowinfo 表,先按图书编号 BookID 升序排列,再按借阅日期 BorrowedDate 降序排列。

3. 对 books 表中的图书编号 BookID 创建唯一索引,并按升序排列。

实验 6

数据查询

 知识要点

1. SELECT 语句的一般格式

其语法格式为：

SELECT［ALL|DISTINCT］［TOP N［PERCENT］］＜目标列表达式＞

［别名］［,＜目标列表达式＞［别名］］…

FROM ＜表名或视图名＞［别名］［,＜表名或视图名＞［别名］］…

［WHERE ＜条件表达式＞］

［GROUP BY ＜列名 1＞［HAVING＜条件表达式＞］

［,＜列名 2＞［HAVING＜条件表达式＞］…］］

［ORDER BY ＜列名 1＞［ASC|DESC］,［＜列名 2＞［ASC|DESC］］…］］

2. 常用的聚合函数

常用的聚合函数及功能具体如表 1-6-1 所示。

表 1-6-1 常用的聚合函数及功能

函 数	功 能
COUNT	按列值计数
AVG	按列计算平均值
SUM	按列计算值的总和
MAX	求一列中的最大值
MIN	求一列中的最小值

3. 常用的查询条件

常用的查询条件及运算符具体如表 1-6-2 所示。

表 1-6-2 常用的查询条件及运算符

查询条件	运算符
比较运算	＝,＞,＜,＞＝,＜＝,！＝,＜＞
逻辑查询	AND,OR,NOT
范围查询	BETWEEN…AND
集合查询	IN
字符匹配查询	LIKE
空值查询	IS NULL

4. 谓词 LIKE 在查询条件中的用法

其语法格式为：

〔NOT〕LIKE ´＜匹配串＞´〔ESCAPE ´＜换码字符＞´〕

常用的通配符及功能具体如表 1-6-3 所示。

表 1-6-3　常用的通配符及功能

通配符	功能
％	代表 0 个或多个字符的任意字符串
_（下划线）	代表任意单个字符
〔〕	表示范围或集合中的任何单个字符
〔^〕	表示不在范围或集合中的任何单个字符

实验 6.1　简单查询

实验目的

1. 掌握指定列或全部列查询；
2. 掌握按条件查询；
3. 掌握使用聚合函数的查询；
4. 掌握对查询结果分组；
5. 掌握对查询结果排序。

实验内容

1. 指定列或全部列查询：
(1)查询 readers 表中全部读者的记录；
(2)查询 books 表中全部图书的图书名称、作者和出版社。
2. 按条件查询和模糊查询：
(1)查询图书价格在 15～30 元的所有图书的编号、名称、出版社和价格；
(2)查询图书名称中包含"计算机"的所有图书信息。
3. 使用聚合函数查询：
(1)查询所有图书的平均价格；
(2)查询读者编号为"000004"的读者所借图书的数量。
4. 对查询结果分组：
(1)查询读者的类型数；
(2)查询各个出版社的图书的平均价格。
5. 对查询结果排序：
(1)查询 readers 表中所有读者的信息，结果按读者类型升序排序；

(2)查询所有图书的名称、作者、出版社和价格,结果按出版社升序、价格降序排序。

实验步骤

1. 指定列或全部列查询。

(1)查询 readers 表中全部读者的记录,查询结果如图1-6-1所示。

(2)查询 books 表中全部图书的名称、作者和出版社,查询结果如图1-6-2所示。

图1-6-1 查询结果

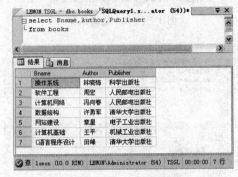

图1-6-2 查询结果

2. 按条件查询和模糊查询。

(1)查询图书价格在15～30元的所有图书的编号、名称、出版社和价格,查询结果如图1-6-3所示。

(2)查询图书名称中包含"计算机"的所有图书信息,查询结果如图1-6-4所示。

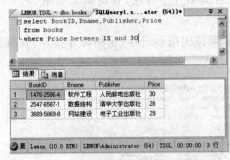

图1-6-3 查询结果

图1-6-4 查询结果

3. 使用聚合函数查询。

(1)查询所有图书的平均价格,查询结果如图1-6-5所示。

(2)查询读者编号为"2014000004"的读者所借图书的数量,查询结果如图1-6-6所示。

4. 对查询结果分组。

(1)查询各读者类型的数量,查询结果如图1-6-7所示。

(2)查询各个出版社的图书的平均价格,查询结果如图1-6-8所示。

图 1-6-5　查询结果

图 1-6-6　查询结果

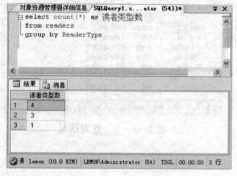

图 1-6-7　查询结果

图 1-6-8　查询结果

5. 对查询结果排序。

（1）查询 readers 表中所有读者的信息，结果按读者类型升序排序，查询结果如图 1-6-9 所示。

（2）查询所有图书的名称、作者、出版社和价格，结果按出版社升序、价格降序排序，查询结果如图 1-6-10 所示。

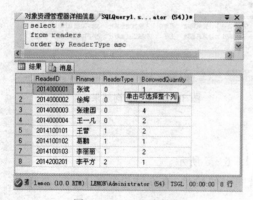

图 1-6-9　查询结果

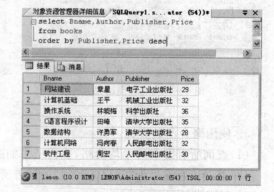

图 1-6-10　查询结果

实验 6.2 连接查询

实验目的

1. 掌握涉及多表的等值连接；
2. 掌握自身连接；
3. 掌握涉及多表的外连接。

实验内容

1. 等值查询：
(1)查询借阅了图书的读者姓名、读者类型、图书编号、借阅日期和归还日期；
(2)查询读者编号、读者姓名、类型名称和限借数量。
2. 自身连接：
查询与读者"张斌"同类型的其他读者的姓名和类型。
3. 外连接：
查询所有读者的编号、姓名、图书名称及借阅日期（没有借书的读者的借书信息显示为空）。

实验步骤

1. 等值查询。
(1)查询借阅了图书的读者姓名、读者类型、图书编号、借阅日期和归还日期,查询结果如图 1-6-11 所示。

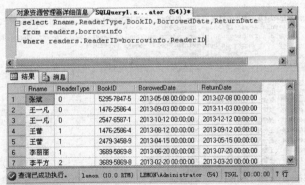

图 1-6-11 查询结果

(2)查询读者编号、读者姓名、类型名称和限借数量,查询结果如图 1-6-12 所示。

图 1-6-12 查询结果

2. 自身连接。

查询与读者"张斌"同类型的其他读者的姓名和类型,查询结果如图 1-6-13 所示。

图 1-6-13 查询结果

3. 外连接。

查询所有读者的编号、姓名、图书名称及借阅日期(没有借书的读者的借书信息显示为空)查询结果如图 1-6-14 所示。

图 1-6-14 查询结果

实验 6.3   嵌套查询

实验目的

1. 掌握 IN 谓词的使用；
2. 掌握 ANY/ALL 谓词的使用；
3. 掌握 EXISTS 谓词的使用。

实验内容

1. 使用比较运算符的子查询：

查询与"计算机基础"图书价格相同的图书编号、图书名称、出版社和价格。

2. 使用 IN、ANY/ALL、EXISTS 谓词的子查询：

(1)使用 IN 谓词查询借阅了图书编号为"3689 - 5869 - 8"的读者姓名；

(2)使用 ANY 谓词查询借阅了图书编号为"1476 - 2586 - 4"的读者姓名；

(3)使用 ALL 谓词查询其他出版社比"人民邮电出版社"出版的所有图书价格都高的图书的编号、名称和出版社；

(4)使用 EXISTS 谓词查询没有借阅图书的读者编号和姓名。

实验步骤

1. 使用比较运算符的子查询。

查询与"计算机基础"图书价格相同的图书编号、图书名称、出版社和价格，查询结果如图 1 - 6 - 15 所示。

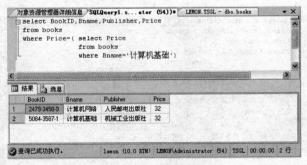

图 1 - 6 - 15   查询结果

2. 使用 IN、ANY/ALL、EXISTS 谓词的子查询。

(1)使用 IN 谓词查询借阅了图书编号为"3689 - 5869 - 8"的读者姓名，查询结果如图 1 - 6 - 16 所示。

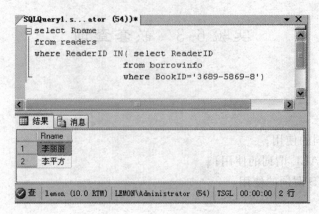

图 1 - 6 - 16　查询结果

(2)使用 ANY 谓词查询借阅了图书编号为"1476 - 2586 - 4"的读者姓名,查询结果如图 1 - 6 - 17 所示。

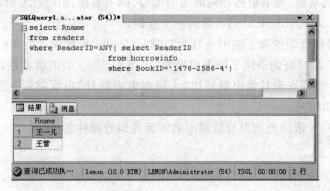

图 1 - 6 - 17　查询结果

(3)使用 ALL 谓词查询其他出版社比"人民邮电出版社"出版的所有图书价格都高的图书的编号、名称、出版社和价格,查询结果如图 1 - 6 - 18 所示。

图 1 - 6 - 18　查询结果

(4)使用 EXISTS 谓词查询没有借阅图书的读者编号和姓名,查询结果如图 1 - 6 - 19 所示。

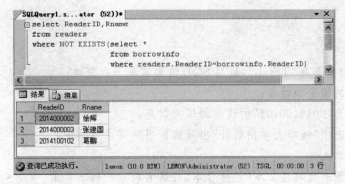

图 1-6-19 查询结果

实验 6.4 合并查询

实验目的

掌握使用 UNION 操作符将来自不同查询但结构相同的查询结果合并到一个结果集中。

实验内容

在 books 表中查询"人民邮电出版社"出版的图书名称和价格,再从 books 表中查询"清华大学出版社"出版的图书名称和价格,并将两个查询结果合并成一个结果集。

实验步骤

在 books 表中查询"人民邮电出版社"出版的图书名称和价格,再从 books 表中查询"清华大学出版社"出版的图书名称和价格,并将两个查询结果合并成一个结果集。执行结果如图 1-6-20所示。

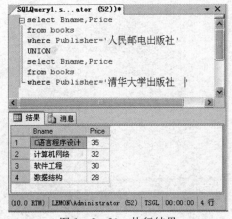

图 1-6-20 执行结果

？思考与练习

针对图书管理数据库"TSGL",运用 SQL 语句实现下列查询:

1. 查询读者的编号和姓名。

2. 查询编号为"2014100101"的读者的借阅信息。

3. 查询图书表中"清华大学出版社"出版的图书的书名和作者。

4. 查询读者总人数。

5. 查询借阅图书数超过 2 本(包括 2 本)的读者编号和图书数量。

6. 查询图书表中"人民邮电出版社"出版的图书信息,查询结果按图书单价升序排序。

7. 查询"学生"类型的读者编号和姓名。

8. 查询"王"姓读者所借图书的书名、作者和出版社。

9. 查询与读者"王一凡"类型相同的读者的姓名和类型。

10. 查询所有读者的基本信息和借书信息,没有借书的读者也输出基本信息。

11. 查询"清华大学出版社"出版的单价高于所有图书平均价格的图书的信息。

12. 查询单价高于所有图书平均价格的图书信息。

13. 查询借阅了图书编号为"5295－7847－5"的读者姓名。

实验 7

数据操作

 知识要点

1. 数据操作

在数据库中创建数据表之后,可对其进行如下操作:

(1)向表中插入数据;

(2)修改表中的数据;

(3)删除表中的数据。

2. 向表中插入数据的 SQL 语句

INSERT [INTO]table_name [(column_list)] VALUES(data_values)

3. 修改表中数据的 SQL 语句

UPDATE { table_name | view_name }

SET
{ column_name = { expression | DEFAULT | NULL }
[,… n]
{ { [FROM { < table_source > } [,… n]]
[WHERE < search_condition >] } }

4. 删除表中数据的 SQL 语句

DELETE

FROM { < table_name > } [,… n]
[WHERE{ <search_condition> }]

实验 7.1 插入数据

实验目的

1. 掌握运用 SSMS 中的设计工具向数据表中插入数据;

2. 掌握运用 SQL 中的 INSERT INTO 语句插入数据至数据表中。

实验内容

1. 运用 SSMS 中的设计工具向 readers 表中插入元组（读者编号：2014200202；读者姓名：赵静；读者类型：2；已借数量：2）。

2. 运用 SQL 语句向 books 表中插入元组（图书编号：1445-2536-9；图书名称：电子商务概论；出版社：科学出版社）。

3. 对每个出版社，求其出版的图书总数和图书平均价格，并把结果存入新建表"图书统计 temp_books"表中。

实验步骤

1. 运用 SSMS 中的设计工具向 readers 表中插入元组（读者编号：2014200202；读者姓名：赵静；读者类型：2；已借数量：2）。

（1）打开 SSMS 的主界面，在"对象资源管理器"中选择数据库 TSGL 并展开。

（2）选择 readers 表，单击右键，从弹出的快捷菜单中选择"编辑前 200 行"选项，弹出 readers 表的数据编辑窗口，单击最后一行，在列中输入相应的值，如图 1-7-1 所示。

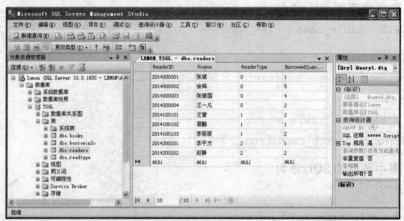

图 1-7-1　readers 表的数据编辑窗口

2. 运用 SQL 语句向 books 表中插入元组（图书编号：1445-2536-9；图书名称：电子商务概论；出版社：科学出版社）。

（1）选择 TSGL 数据库，单击工具栏上的" 新建查询(N) "按钮，打开查询编辑器窗口。

（2）在查询编辑窗口中输入相应的 SQL 语句，单击工具栏上的"执行"按钮，新元组即插入到表中了，如图 1-7-2 所示。

3. 对每个出版社，求其出版的图书总数和图书平均价格，并把结果存入新建表"图书统计 temp_books"表中。

（1）在数据库 TSGL 中新建一个表 temp_books，可以在 SSMS 中通过表设计器实现，也可用 SQL 语句实现。在此例中用表设计器实现，具体步骤见实验 3。temp_books 表的字段设置如下图 1-7-3 所示。

图1-7-2 执行插入语句的查询编辑窗口

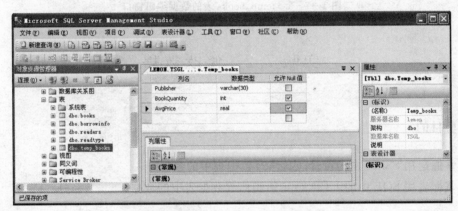

图1-7-3 temp_books 表设计窗口

（2）单击工具栏上的"🔲 新建查询(N)"按钮，在弹出的查询编辑窗口中输入相应的SQL语句，如图1-7-4所示，并执行。

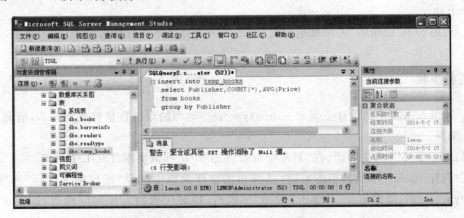

图1-7-4 执行插入语句的查询编辑窗口

（3）选择对象资源管理器中的 temp_books 表，单击右键，在弹出的快捷菜单中选择"编辑前 200 行"选项，可以看到执行插入语句后 temp_books 表中的数据，如图1-7-5所示。

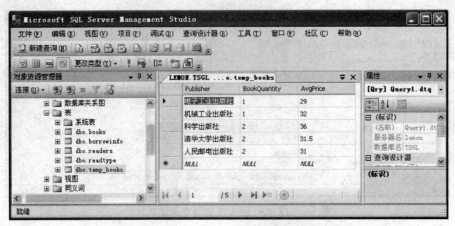

图 1-7-5　temp_books 表的数据编辑窗口

实验 7.2　修改数据

实验目的

1. 掌握运用 SSMS 中的设计工具修改数据表中的数据；
2. 掌握运用 SQL 中的 UPDATE 语句修改数据表中的数据。

实验内容

1. 运用 SSMS 中的设计工具将 readertype 表中教师的限借数量修改为 5 本，借阅期限修改为 3 个月。
2. 运用 SQL 语句将"人民邮电出版社"出版的所有图书的价格增加 10%。

实验步骤

1. 运用 SSMS 中的设计工具将 readertype 表中教师的限借数量修改为 5 本，借阅期限修改为 3 个月。

（1）打开 SSMS 的主界面，在"对象资源管理器"中选择数据库 TSGL 并展开。

（2）选择 readertype 表，单击右键，从弹出的快捷菜单中选择"编辑前 200 行"选项，弹出 readertype 表的数据编辑窗口，单击"教师"字段行，将对应列的值作相应修改，如图 1-7-6 所示。

2. 运用 SQL 语句将"人民邮电出版社"出版的所有图书的价格增加 10%。

（1）选择 TSGL 数据库，单击工具栏上的"■新建查询(N)"按钮，打开查询编辑器窗口。

（2）在查询编辑窗口中输入相应的 SQL 语句，单击工具栏上的"执行"按钮，即完成相应的修改操作，如图 1-7-7 所示。

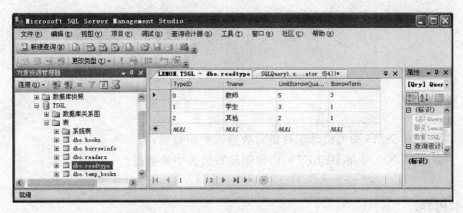

图 1-7-6　readertype 表的数据编辑窗口

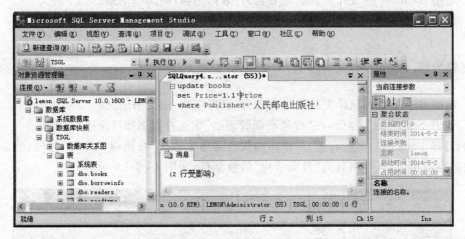

图 1-7-7 执行修改语句的查询编辑窗口

（3）返回到 books 表的数据编辑窗口，可以看到满足条件的数据已经被修改了，如图 1-7-8所示。

BookID	Bname	Author	Publisher	PublishedDate	Price
1258-4587-6	操作系统	林晓梅	科学出版社	2013-10-01 00:...	36
1445-2536-9	电子商务概论	NULL	科学出版社	NULL	NULL
1476-2586-4	软件工程	周宏	人民邮电出版社	2013-04-01 00:...	33
2479-3458-9	计算机网络	冯向春	人民邮电出版社	2013-08-01 00:...	35.2
2547-6587-1	数据结构	许勇军	清华大学出版社	2013-05-01 00:...	28
3689-5869-8	网站建设	韦星	电子工业出版社	2012-12-01 00:...	29
5084-3587-1	计算机基础	王平	机械工业出版社	2012-10-01 00:...	32
5295-7847-5	C语言程序设计	田峰	清华大学出版社	2013-02-01 00:...	35
NULL	NULL	NULL	NULL	NULL	NULL

图 1-7-8　执行修改操作后 books 表中的数据

实验 7.3　删 除 数 据

实验目的

1. 掌握运用 SSMS 中的设计工具删除数据表中的数据；
2. 掌握运用 SQL 中的 DELETE 语句删除数据表中的数据。

实验内容

1. 运用 SSMS 中的设计工具删除书名为"数据结构"的图书信息；
2. 运用 SQL 语句删除单价低于所有图书平均价格的图书信息。

实验步骤

1. 运用 SSMS 中的设计工具删除书名为"数据结构"的图书信息。

(1)打开 SSMS 的主界面,在"对象资源管理器"中选择数据库 TSGL 并展开。

(2)选择 books 表,单击右键,从弹出的快捷菜单中选择"编辑前 200 行"选项,弹出 books 表的数据编辑窗口,选择书名为"数据结构"的数据行,如图 1-7-9 所示。

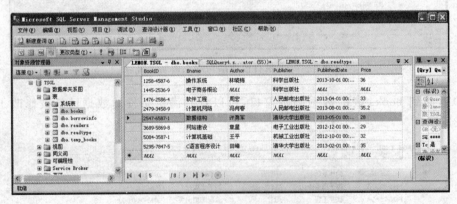

图 1-7-9　books 表的数据编辑窗口

(3)单击右键,从弹出的快捷菜单中选择"删除"选项,弹出提示对话框,如图 1-7-10 所示。

图 1-7-10　提示对话框

(4)单击“是”按钮，即删除了选择的数据行。

2. 运用 SQL 语句删除单价低于所有图书平均价格的图书信息。

(1)选择 TSGL 数据库，单击工具栏上的“新建查询(N)”按钮，打开查询编辑器按钮。

(2)在查询编辑窗口中输入相应的 SQL 语句，单击工具栏上的“执行”按钮，即完成相应的删除操作，如图 1-7-11 所示。

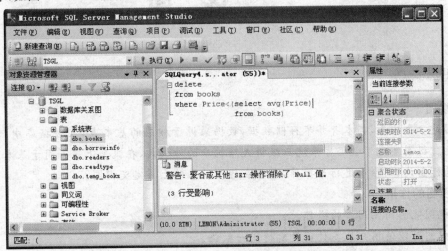

图 1-7-11　执行删除语句的查询编辑窗口

(3)返回到 book 表的数据编辑窗口，可以看到满足条件的元组已经被删除了，如图 1-7-12所示。

BookID	Bname	Author	Publisher	PublishedDate	Price
1258-4587-6	操作系统	林晓梅	科学出版社	2013-10-01 00:...	36
1445-2536-9	电子商务概论	NULL	科学出版社	NULL	NULL
1476-2586-4	软件工程	周宏	人民邮电出版社	2013-04-01 00:...	33
2479-3458-9	计算机网络	冯向春	人民邮电出版社	2013-08-01 00:...	35.2
5295-7847-5	C语言程序设计	田峰	清华大学出版社	2013-02-01 00:...	35
NULL	NULL	NULL	NULL	NULL	NULL

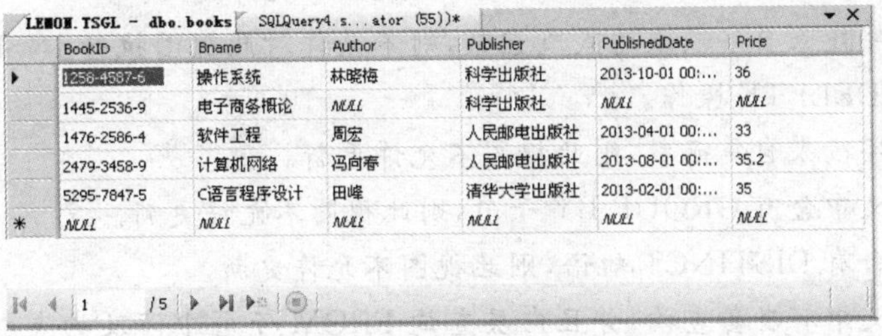

图 1-7-12　执行删除操作后 book 表中的数据

思考与练习

在数据库“TSGL”中完成如下操作：

1. 向 books 表中插入一个新元组(图书编号：2453-3489-3；作者：李力辉；出版社：人民邮电出版社)。

2. 将所有读者的借阅期限增加一个月。

3. 将读者“王蕾”所借图书的归还日期推迟一个月。

4. 删除出版社为“科学出版社”的图书信息。

5. 删除图书名称为“软件工程”的借阅信息。

实验 8

视 图

 知识要点

1. 视图

视图是一个虚表,其本身并不存储数据,数据来源于相应的基本表,在数据库中只存储视图的定义。视图实现了数据库系统三级模式结构中的外模式,在概念上可等同于基本表,可以对视图进行查询、删除和更新等操作,也可在视图的基础上再定义视图。

2. 视图的作用

(1)视图能够简化用户的操作。

(2)视图可以使用户从多种角度看待同一数据。

(3)视图对重构数据库提供了一定程度的逻辑独立性。

(4)视图能够对机密数据提供安全保护。

3. 可更新视图的限制

(1)若视图是由两个以上基本表导出的,则此视图不允许更新。

(2)若视图的字段来自字段表达式或常数,则不允许对此视图执行 INSERT 和 UPDATE 操作,但允许执行 DELETE 操作。

(3)若视图的字段来自集函数,则此视图不允许更新。

(4)若视图定义中含有 GROUP BY 子句,则此视图不允许更新。

(5)若视图中含有 DISTINCT 短语,则此视图不允许更新。

(6)若视图定义中有嵌套查询,并且内层查询 FROM 子句中涉及的表也是导出该视图的基本表,则此视图不允许更新。

(7)一个不允许更新的视图上定义的视图也不允许更新。

4. 创建视图的 SQL 语句

CREATE VIEW [<database_name > .] [< owner > .] view_name [(column [,…n])]

AS

select_statement

[WITH CHECK OPTION]

5. 修改视图的 SQL 语句

ALTER VIEW [< database_name > .] [< owner > .] view_name [(column [,…n])]

```
AS
select_statement
[ WITH CHECK OPTION]
```

6. 删除视图的 SQL 语句

```
DROP VIEW {view } [,…n]
```

实验 8.1　创建视图

实验目的

1. 掌握运用 SSMS 中的设计工具创建视图；
2. 掌握运用 SQL 语句创建视图。

实验内容

1. 运用 SSMS 中的设计工具创建一个视图,其数据来源于基本表 books,视图名称为 view_books,包含的字段有:图书编号,图书名称,出版社;

2. 运用 SSMS 中的设计工具创建一个视图,其数据来源于两个基本表 readers 和 borrowinfo,视图名称为 view_rb,包含的字段有:读者编号,读者姓名,图书编号,借阅日期,归还日期;

3. 运用 SQL 语句创建一个视图,其数据来源于三个基本表 readers、books 和 borrowinfo,视图名称为 view_rbb,包含的字段有:读者姓名,图书名称,出版社,借阅日期,归还日期。

实验步骤

1. 运用 SSMS 中的设计工具创建视图 view_books。

(1)打开 SSMS 的主界面,在"对象资源管理器"中选择数据库 TSGL 并展开。

(2)右键单击"视图",从弹出的快捷菜单中选择"新建视图"选项,打开"添加表"对话框,在列出的表中选择表 books,如图 1-8-1 所示。

图 1-8-1　添加表窗口

（3）单击"添加"按钮，然后单击"关闭"按钮关闭该对话框，显示视图窗格。

（4）在视图窗格中选择列：BookID，Bname，Publisher，该操作将创建一个可用于生成该视图的 SELECT 语句。单击"执行"按钮，在数据结果区将显示包含在视图中的数据行，如图 1-8-2 所示。

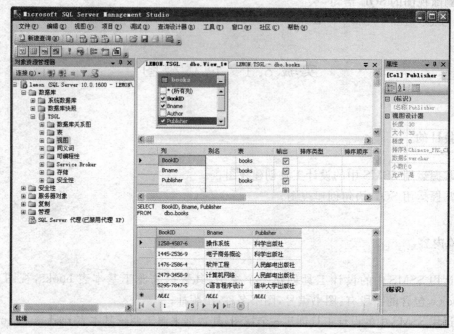

图 1-8-2　创建视图窗口

（5）单击工具栏上的"保存"按钮，在弹出的对话框中输入视图名，单击"确定"按钮完成视图的创建，如图 1-8-3 所示。

2. 运用 SSMS 中的设计工具创建一个视图 view_rb。

（1）打开 SSMS 的主界面，在"对象资源管理器"中选择数据库 TSGL 并展开。

（2）右键单击"视图"，从弹出的快捷菜单中选择"新建视图"选项，打开"添加表"对话框，在列出的表中选择表 readers 和 borrowinfo，如图 1-8-4 所示。

图 1-8-3　保存视图定义

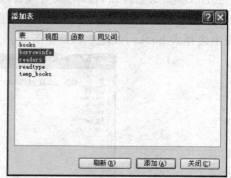

图 1-8-4　添加表窗口

（3）单击"添加"按钮，然后单击"关闭"按钮关闭该对话框，显示视图窗格。

（4）在视图窗格中选择列：ReaderID，BookID，Bname，BorrowedDate，ReturnDate。该操作将创建一个可用于生成该视图的 SELECT 语句。单击"执行"按钮，在数据结果区将显示包含在视图中的数据行，如图 1-8-5 所示。

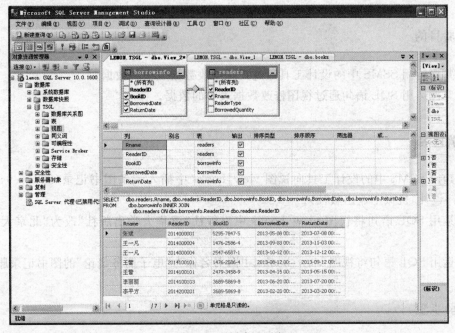

图 1-8-5　创建视图窗口

（5）单击工具栏上的"保存"按钮，在弹出的对话框中输入视图名，单击"确定"按钮完成视图的创建，如图 1-8-6 所示。

图 1-8-6　保存视图定义

3. 运用 SQL 语句创建一个视图 view_rbb。

（1）选择 TSGL 数据库，单击工具栏上的" 🔲新建查询(N)"按钮，打开查询编辑器按钮。

（2）在查询编辑窗口中输入相应的 SQL 语句，单击工具栏上的"执行"按钮，即可完成视图的创建，如图 1-8-7 所示。

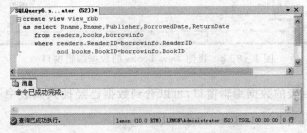

图 1-8-7　创建视图的 SQL 语句

实验8.2　更新视图

实验目的

1. 掌握运用 SSMS 中的设计工具通过视图修改数据表中的数据；
2. 掌握运用 SQL 语句通过视图修改数据表中的数据。

实验内容

1. 运用 SSMS 中的设计工具向视图 view_books 中插入一条图书记录（2374-9453-5，Web 程序设计，机械工业出版社）；

2. 运用 SQL 语句将视图 view_books 中出版社"清华大学出版社"改为"北京大学出版社"；

3. 运用 SQL 语句将视图 view_books 中图书名称为"电子商务概论"的图书记录删掉。

实验步骤

1. 运用 SSMS 中的设计工具向视图 view_books 中插入一条图书记录。

（1）打开 SSMS 的主界面，在"对象资源管理器"中选择数据库 TSGL 并展开。

（2）选择视图 view_books，单击右键，从弹出的快捷菜单中选择"编辑前 200 行"选项，打开视图 view_books 的数据编辑窗口，在最后一行输入相应数据，如图 1-8-8 所示。

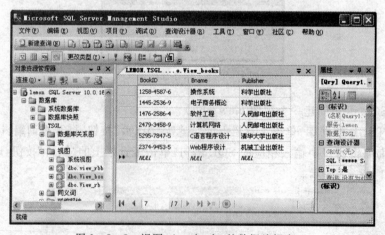

图 1-8-8　视图 view_books 的数据编辑窗口

（3）返回到 books 表的数据编辑窗口，可以看到数据已经插入到表中了，没有值的字段用空值显示，如图 1-8-9 所示。

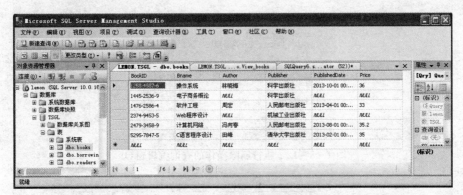

图 1-8-9　books 表的数据编辑窗口

2. 运用 SQL 语句将视图 view_books 中出版社"清华大学出版社"改为"北京大学出版社"。

(1)选择 TSGL 数据库,单击工具栏上的"□ 新建查询(N)"按钮,打开查询编辑器窗口。

(2)在查询编辑窗口中输入相应的 SQL 语句,单击工具栏上的"执行"按钮,即可完成对视图的数据修改操作,如图 1-8-10 所示。

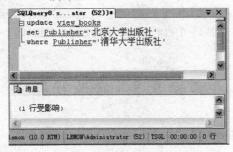

图 1-8-10　执行修改操作的查询编辑器窗口

(3)返回到 books 表的数据编辑窗口,可以看到满足条件的数据已经在表中被修改了,如图 1-8-11 所示。

BookID	Bname	Author	Publisher	PublishedDate	Price
1258-4587-6	操作系统	林晓梅	科学出版社	2013-10-01 00:...	36
1476-2586-4	软件工程	周宏	人民邮电出版社	2013-04-01 00:...	33
2374-9453-5	Web程序设计	NULL	机械工业出版社	NULL	NULL
2479-3458-9	计算机网络	冯向春	人民邮电出版社	2013-08-01 00:...	35.2
5295-7847-5	C语言程序设计	田峰	北京大学出版社	2013-02-01 00:...	35
*	NULL	NULL	NULL	NULL	NULL

图 1-8-11　books 表的数据编辑窗口

3. 运用 SQL 语句将视图 view_books 中图书名称为"电子商务概论"的图书记录删掉。

(1)选择 TSGL 数据库,单击工具栏上的"□ 新建查询(N)"按钮,打开查询编辑器窗口。

(2)在查询编辑窗口中输入相应的 SQL 语句,单击工具栏上的"执行"按钮,即可完成对视图的数据删除操作,如图 1-8-12 所示。

(3)返回到 books 表的数据编辑窗口,可以看到满足条件的数据已经在表中被删除了,如图 1-8-13 所示。

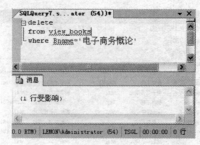

图 1-8-12　执行删除操作的查询编辑窗口

图 1-8-13　books 表的数据编辑窗口

实验 8.3　修改视图

实验目的

1. 掌握运用 SSMS 中的设计工具修改视图的定义；
2. 掌握运用 SQL 语句修改视图的定义。

实验内容

1. 运用 SSMS 中的设计工具把视图 view_rb 中的字段 ReaderID 删除；
2. 运用 SQL 语句给视图 view_rbb 增加一个字段：Author。

实验步骤

1. 运用 SSMS 中的设计工具把视图 view_rb 中的字段 ReaderID 删除。

（1）打开 SSMS 的主界面，在"对象资源管理器"中选择数据库 TSGL 并展开。

（2）选择视图 view_rb，点击右键，在弹出的快捷菜单中选择"设计"选项，打开视图窗格，如图 1-8-14 所示。

（3）在视图窗格中不选择 ReaderID 字段，如图 1-8-15 所示。

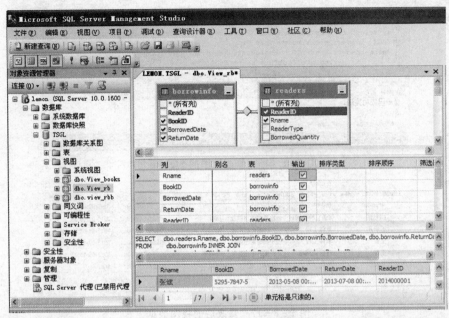

图 1-8-14 视图 view_rb 的定义

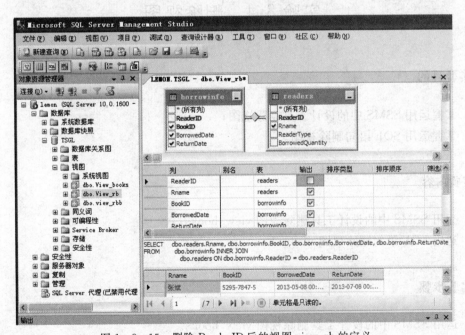

图 1-8-15 删除 ReaderID 后的视图 view_rb 的定义

2. 运用 SQL 语句给视图 view_rbb 增加一个字段：Author。

(1)选择 TSGL 数据库，单击工具栏上的"　新建查询(N)"按钮，打开查询编辑器窗口。

(2)在查询编辑窗口中输入相应的 SQL 语句，单击工具栏上的"执行"按钮，即可完成对新视图的定义，如图 1-8-16 所示。

(3)返回到视图 view_rbb 的数据编辑窗口，可以看到视图中增加了 Author 字段，如图 1-8-17所示。

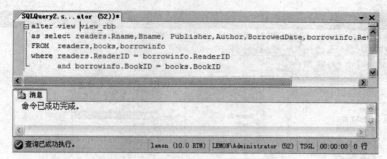

图 1-8-16　修改视图的 SQL 语句

	Rname	Bname	Publisher	Author	BorrowedDate	ReturnDate
▶	张浩	C语言程序设计	北京大学出版社	田峰	2013-05-08 00:...	2013-07-08 00:...
	王一凡	软件工程	人民邮电出版社	周宏	2013-09-03 00:...	2013-11-03 00:...
	王蕾	软件工程	人民邮电出版社	周宏	2013-08-12 00:...	2013-09-12 00:...
	王蕾	计算机网络	人民邮电出版社	冯向春	2013-04-15 00:...	2013-05-15 00:...
*	NULL	NULL	NULL	NULL	NULL	NULL

图 1-8-17　修改后的视图数据

实验 8.4　删除视图

实验目的

1. 掌握运用 SSMS 中的设计工具删除视图;
2. 掌握运用 SQL 语句删除视图。

实验内容

1. 运用 SSMS 中的设计工具删除视图 view_books;
2. 运用 SQL 语句删除视图 view_rb。

实验步骤

1. 运用 SSMS 中的设计工具删除视图 view_books。

(1)打开 SSMS 的主界面,在"对象资源管理器"中选择数据库 TSGL 并展开。

(2)选择视图 view_books,单击右键,在弹出的快捷菜单中选择"删除"选项,打开删除对象窗口,如图 1-8-18 所示。单击"确定"按钮,即可删除该视图。

2. 运用 SQL 语句删除视图 view_rb。

(1)选择 TSGL 数据库,单击工具栏上的"　新建查询(N)"按钮,打开查询编辑器窗口。

(2)在查询编辑窗口中输入相应的 SQL 语句,单击工具栏上的"执行"按钮,即可完成对视图的删除,如图 1-8-19 所示。

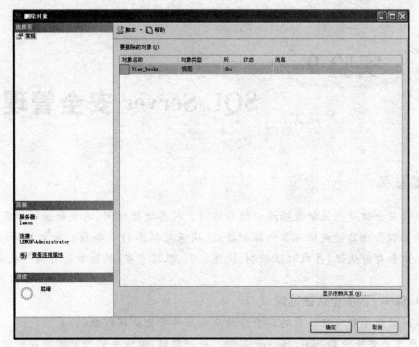

图 1-8-18　删除对象窗口

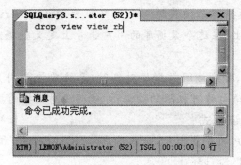

图 1-8-19　执行删除视图的 SQL 语句

思考与练习

针对数据库 TSGL 进行如下操作：

1. 创建一个读者类型为 1 的视图 view_readers，字段为：读者编号，读者姓名，已借数量。

2. 创建视图 view_rrt，字段为：读者编号，读者姓名，类型名称，限借数量。

3. 创建视图 view_bbf，字段为：读者编号，图书名称，作者，出版社，借阅日期，归还日期。

4. 通过视图 view_rrt 查找类型为学生的读者姓名和限借数量。

5. 通过视图 view_readers，将读者编号为"2014100101"的已借数量改为 1。

6. 通过视图 view_readers，增加一条读者信息（读者编号：2014100104；读者姓名：邓晓）。

7. 通过视图 view_readers，将已借数量为 1 的读者信息删除。

8. 为视图 view_bbf 增加一个"价格"字段。

实验 9

SQL Server 安全管理

 知识要点

数据库的安全性是指保护数据库以防非法用户对其进行访问,造成数据的泄露、更改或破坏。数据库管理系统必须提供可靠的保护措施,确保数据库的安全性。数据库管理系统一般采用用户标识和身份认证、存取权限控制、视图机制、跟踪审查、数据加密存储等技术进行安全控制。

1. SQL Server 的安全认证过程

用户访问数据库时需要经历的三个阶段及相应的安全认证过程:

(1)用户首先要登录到 SQL Server 实例。在登录时,系统要对用户进行身份验证,被认为合法才能登录到 SQL Server 实例。

(2)用户要访问某一数据库必须获得一个用户账号。SQL Server 实例将 SQL Server 登录映射到数据库用户账号上,在这个数据库的用户账号上定义数据库的管理和数据对象访问的安全策略。

(3)用户访问数据库。用户访问数据库对象时,系统要检查用户是否具有访问数据库对象、执行动作的权限,经过语句许可权限的验证,才能实现对数据的操作。

2. SQL Server 身份验证模式

身份验证用来识别用户的登录账号,验证用户与 SQL Server 相连接的合法性,如果验证成功,用户就能连接到 SQL Server 上。

SQL Server 有两种身份验证模式:

(1)Windows 身份验证模式;

(2)SQL Server 和 Windows 混合验证模式。

3. 登录账户

登录账户是基于服务器级使用的用户名称。一般情况下,用户要访问 SQL Server 系统,必须提供正确的登录账户和口令。可以通过两种方式增加登录账户,一种是创建新的 SQL Server 登录账户,另一种是基于 Windows 组或用户创建登录账户,创建登录账户只能由系统管理员完成。

SQL Server 2008 在安装后自动建立一个特殊的登录账户 sa,该账户默认为所有数据库的 dbo 用户,具有最高权限,可以进行任何操作,且不能删除。

4. 数据库用户

用户在获得登录 SQL Server 实例的登录账户后,系统管理员一般还要为该登录用户访问的数据库创建一个数据库用户账号,该用户登录后才可访问此数据库。

SQL Server 系统中的每个数据库都有两个默认的数据库用户:

(1)guest 用户。guest 是一个特殊的用户账号,任何登录账号都可以用此账号使用数据库。系统数据库 master 和 tempdb 中的 guest 用户不能删除,而其他数据库中的 guest 用户可以被添加或删除。

(2)dbo 用户。dbo 表示数据库的拥有者,拥有在数据库中执行所有操作的权利。dbo 数据库用户账号存在于每个数据库下,对应 SQL Server 的固定服务器角色 SysAdmin 的成员账号,是数据库的管理员。

5. 权限管理

权限用来控制用户对数据库的访问与操作。一个用户若要对某个数据库进行修改或访问,必须具备相应的权限。权限可以直接获得,也可以通过成为角色成员而继承角色的权限。

在 SQL Server 中常用的两种许可权限的类型如下:

(1)语句权限。语句权限用于创建数据库或数据库对象所涉及的活动。SQL Server 可以授予用户语句的使用许可权限有:Backup Database、Backup Log、Create Database、Create Default、Create Function、Create Procedure、Create Rule、Create Table、Create View 。

(2)对象权限。对象权限是指对已存在的数据库对象的操作许可权限。SQL Server 可以授予用户数据对象的一些操作许可权限有以下几种:

①表和视图的操作许可权限:SELECT 、INSERT、UPDATE、DELETE;

②列的操作许可权限:SELECT、UPDATE、REFERENCES;

③存储过程的操作许可权限:EXECUTE。

实验 9.1　创建登录账户

实验目的

1. 掌握创建 Windows 身份登录账户的方法;
2. 掌握创建 SQL Server 身份登录账户的方法。

实验内容

1. 创建使用 Windows 身份验证的登录账户 WinUser;
2. 创建使用 SQL Server 身份验证的登录账户 SQLUser。

实验步骤

1. 创建使用 Windows 身份验证的登录账户 WinUser,并登录到 SQL Server。

(1)查看登录账户 WinUser 是否是 Windows 中存在的用户账户,若不是,则需要在系统中创建此用户账户。在 Windows XP 中创建用户账户的步骤:依次展开"控制面板"→"用户账户"→"创建一个新账户",为新账户输入一个名称 WinUser,单击"下一步"按钮,选择账户类型为"计算机管理员",单击"创建账户"按钮。

（2）打开 SSMS 的主界面，在"对象资源管理器"中选择安全性并展开。

（3）右键单击"登录名"，从弹出的快捷菜单中选择"新建登录名"选项，打开"新建登录名"对话框，如图 1-9-1 所示。

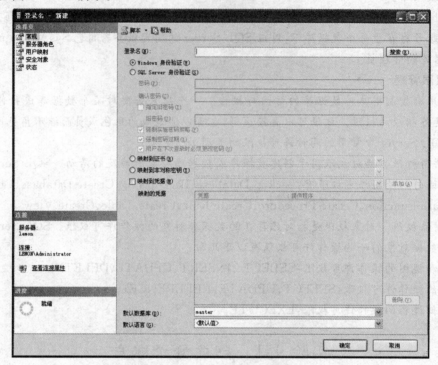

图 1-9-1 "新建登录名"对话框

（4）单击"常规"页面上"登录名"框右边的"搜索"按钮，显示"选择用户或组"对话框，在"输入要选择的对象名称"框中输入 WinUser，如图 1-9-2 所示，单击"检查名称"按钮，然后单击"确定"按钮关闭"选择用户或组"对话框，再选择"Windows 身份验证"复选框，最后单击"确定"按钮。

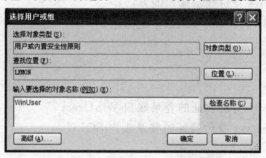

图 1-9-2 "选择用户或组"对话框

（5）在"登录名"选项下会出现一个新账户 WinUser，然后可以验证用 WinUser 账户登录 SQL Server。首先关闭所有正在运行的程序，注销当前用户的登录，用 WinUser 账户重新登录操作系统，并以系统管理员身份登录到 SSMS 管理平台主界面，再用账户 WinUser 连接数据库服务器即可。

2. 创建使用 SQL Server 身份验证的登录账户 SQLUser。

(1)运用 SSMS 中的设计工具创建使用 SQL Server 身份验证的登录账户 SQLUser。

①打开 SSMS 的主界面,在"对象资源管理器"中选择安全性并展开。

②右键单击"登录名",从弹出的快捷菜单中选择"新建登录名"选项,打开"新建登录名"对话框,在"登录名"框中输入名称 SQLUser,并选择"SQL Server 身份验证"复选框,在"密码"和"确认密码"框中输入 123,如图 1-9-3 所示。

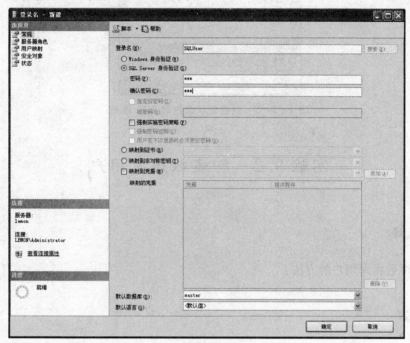

图 1-9-3 "新建登录名"对话框

③单击"确定"按钮,即可创建 SQL Server 身份验证的登录账户 SQLUser。

④验证使用 SQLUser 账户登录。选择菜单"文件"→"断开与对象资源管理器的连接"选项,然后选择"文件"→"连接对象资源管理器"选项,在"连接对象资源管理器"对话框中,"身份验证"选择"SQL Server 身份验证"选项,"登录名"输入 SQLUser,再输入正确密码,如图 1-9-4所示。单击"连接"按钮,登录到 SSMS 主界面,就可以使用映射的数据库。

图 1-9-4 "连接到服务器"对话框

（2）运用 SQL 语句创建 SQL Server 身份验证的登录账户 SQLUser。

①以系统管理员身份登录到 SQL Server，单击工具栏上的"![新建查询(N)]"按钮，打开查询编辑器窗口。

②在查询编辑窗口中输入相应的 SQL 语句，单击工具栏上的"分析"按钮，检查是否有语法错误，再单击"执行"按钮，即可完成登录账户的创建，如图 1-9-5 所示。

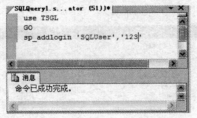

图 1-9-5　创建登录账户的 SQL 语句

实验 9.2　创建数据库用户

实验目的

掌握创建数据库用户的方法。

实验内容

1. 为登录账户 WinUser 创建访问数据库 TSGL 的用户账户；
2. 为登录账户 SQLUser 创建访问数据库 TSGL 的用户账户。

实验步骤

1. 为登录账户 WinUser 创建访问数据库 TSGL 的用户账户。

（1）打开 SSMS 的主界面，在"对象资源管理器"中选择数据库 TSGL 并展开。

（2）选择"安全性"中的"用户"选项，单击右键，在弹出的快捷菜单中选择"新建用户"选项，弹出"新建数据库用户"对话框。

（3）在"用户名"框中输入要创建的数据库用户的用户名 TSUser，然后单击"登录名"文本框后的"…"按钮，显示"选择登录名"对话框，在"输入要选择的对象名称"框中输入 WinUser，单击"检查名称"按钮，如图 1-9-6 所示。

（4）单击"确定"按钮，回到"新建数据库用户"对话框，如图 1-9-7 所示。

（5）单击"确定"按钮，将新创建的数据库用户添加到数据库中。

2. 为登录账户 SQLUser 创建访问数据库 TSGL 的用户账户。

（1）运用 SSMS 中的设计工具为登录账户 SQLUser 创建访问数据库 TSGL 的用户账户。

①打开 SSMS 的主界面，在"对象资源管理器"中选择数据库 TSGL 并展开。

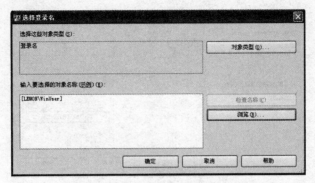

图 1-9-6 "选择登录名"对话框

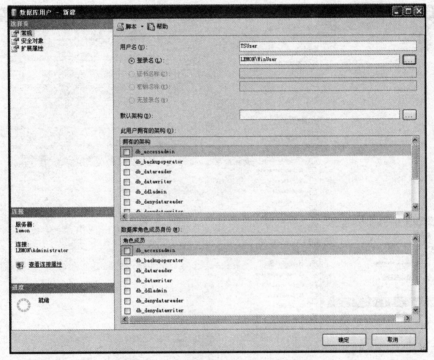

图 1-9-7 "新建数据库用户"对话框

②选择"安全性"中的"用户"选项,单击右键,在弹出的快捷菜单中选择"新建用户"选项,弹出"新建数据库用户"对话框。

③在"用户名"框中输入要创建的数据库用户的用户名 TSSQLUser,然后单击"登录名"文本框后的"…"按钮,显示"选择登录名"对话框,在"输入要选择的对象名称"框中输入 SQLUser,单击"检查名称"按钮,如图 1-9-8 所示。

④单击"确定"按钮,回到"新建数据库用户"对话框,如图 1-9-9 所示。

⑤单击"确定"按钮,将新创建的数据库用户添加到数据库中。

(2)运用 SQL 语句为登录账户 SQLUser 创建访问数据库 TSGL 的用户账户。

(1)以系统管理员身份登录到 SQL Server,单击工具栏上的"🖳 新建查询(N)"按钮,打开查询编辑器窗口。

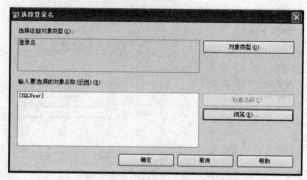

图 1-9-8"选择登录名"对话框

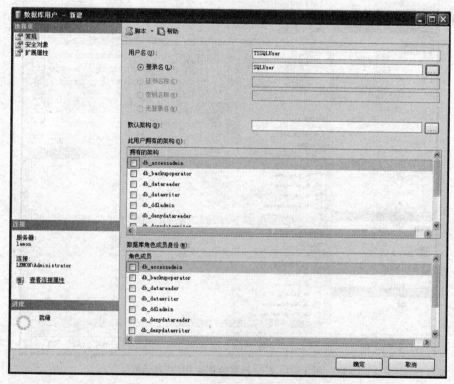

图 1-9-9 "新建数据库用户"对话框

（2）在查询编辑窗口中输入相应的 SQL 语句，单击工具栏上的"分析"按钮，检查是否有语法错误，再单击"执行"按钮，即可完成数据库账户的创建，如图 1-9-10 所示。

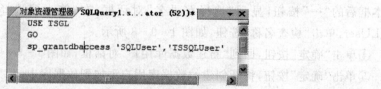

图 1-9-10 创建数据库用户的 SQL 语句

实验 9.3 创建数据库角色

实验目的

1. 掌握角色的建立方法；
2. 掌握添加数据库用户为角色成员的方法。

实验内容

1. 为登录账户 WinUser 创建数据库 TSGL 的角色 db_winuser；
2. 运用 SQL 语句将数据库用户 TSSQLUser 添加成为数据库角色 db_owner 的成员。

实验步骤

1. 为登录账户 WinUser 创建数据库 TSGL 的角色 db_winuser。

（1）打开 SSMS 的主界面，在"对象资源管理器"中选择数据库 TSGL 并展开。

（2）选择"安全性"→"角色"→"数据库角色"，单击"数据库角色"右键，在弹出的快捷菜单中选择"新建数据库角色"选项。

（3）在弹出的"新建数据库角色"对话框中，输入角色名称 db_winuser，所有者选择 WinUser，如图 1-9-11 所示。

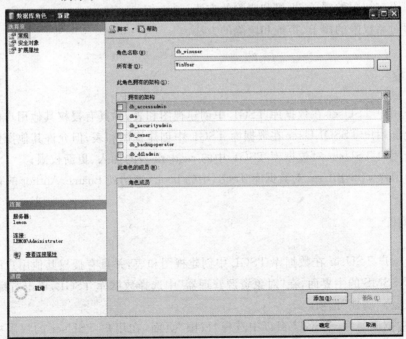

图 1-9-11 "新建数据库角色"对话框

（4）单击"确定"按钮，完成角色的创建。

2. 运用 SQL 语句将数据库用户 TSSQLUser 添加成为数据库角色 db_owner 的成员。

（1）以系统管理员身份登录到 SQL Server，单击工具栏上的"![新建查询(N)]"按钮，打开查询编辑器窗口。

（2）在查询编辑窗口中输入相应的 SQL 语句，单击工具栏上的"分析"按钮，检查是否有语法错误，再单击"执行"按钮，即可将数据库用户 TSSQLUser 添加到数据库角色中，如图1-9-12所示。数据库用户 TSSQLUser 作为数据库角色 db_owner 的成员，具备 db_owner 的权限。db_owner 固定数据库角色的成员可以执行数据库的所有配置和维护活动，还可以删除数据库。

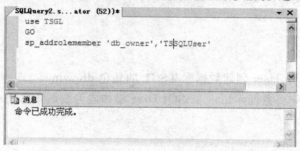

图 1-9-12　为数据库角色添加用户的 SQL 语句

实验 9.4　权限管理

实验目的

1. 掌握语句权限的授予、拒绝和废除的方法；
2. 掌握对象权限的授予、拒绝和废除的方法。

实验内容

1. 授予用户 TSUser 在数据库 TSGL 中创建视图和表，并具有授权其他用户的权限；
2. 不允许用户 TSSQLUser 在数据库 TSGL 中创建视图和表，但允许其他操作；
3. 授予用户 TSUser 对数据库 TSGL 中的 readers 表的插入、更新权限；
4. 授予用户 TSSQLUser 对数据库 TSGL 中的 books 表的列 Bname、Author 的查询权限。

实验步骤

1. 授予用户 TSUser 在数据库 TSGL 中创建视图和表，并具有授权其他用户的权限。

（1）打开 SSMS 的主界面，在"对象资源管理器"中选择数据库 TSGL，单击右键，在弹出的快捷菜单中选择"属性"选项。

（2）在"数据库属性-TSGL"窗口中选择"权限"页面，在用户 TSUser 的权限中，选择"创建表"和"创建视图"的授予和具有授予权限，如图 1-9-13 所示。

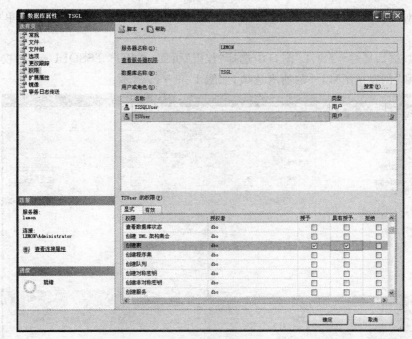

图 1-9-13　"数据库属性"窗口

2. 不允许用户 TSSQLUser 在数据库 TSGL 中创建视图和表,但允许其他操作。

(1)取消用户 TSSQLUser 作为数据库角色 db_owner 的成员。以系统管理员身份登录到 SQL Server,在"对象资源管理器"中,展开"数据库"→TSGL→"安全性"→"用户",单击 TSSQLUser 右键,在弹出的快捷菜单中选择"属性"选项,显示"数据库用户-TSSQLUser"对话框,在"数据库角色成员身份"栏中取消选中 db_owner 复选框,如图 1-9-14 所示。

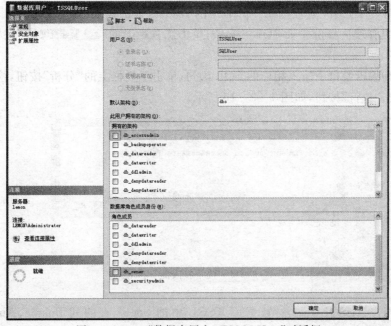

图 1-9-14　"数据库用户-TSSQLUser"对话框

（2）在"对象资源管理器"中选择数据库 TSGL，单击右键，在弹出的快捷菜单中选择"属性"选项。

（3）在"数据库属性-TSGL"窗口中选择"权限"页面，在用户 TSSQLUser 的权限中，选择除"创建表"和"创建视图"以外的所有选项，如图 1-9-15 所示。

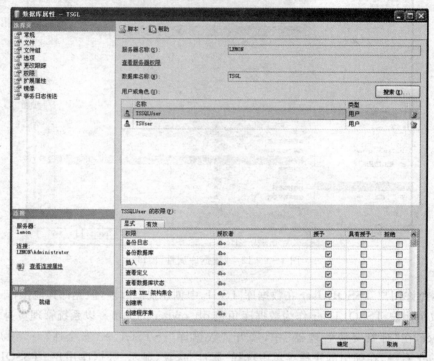

图 1-9-15　"数据库属性"窗口

3. 授予用户 TSUser 对数据库 TSGL 中的 readers 表的插入、更新权限。

（1）以系统管理员身份登录 SQL Server，单击工具栏上的"新建查询(N)"按钮，打开查询编辑器窗口。

（2）在查询编辑窗口中输入相应的 SQL 语句，单击工具栏上的"分析"按钮，检查是否有语法错误，再单击"执行"按钮，如图 1-9-16 所示。

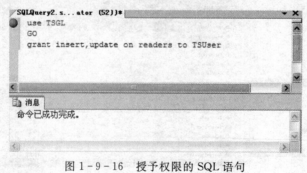

图 1-9-16　授予权限的 SQL 语句

4. 授予用户 TSSQLUser 对数据库 TSGL 中的 books 表的列 Bname、Author 的查询权限。

（1）在"对象资源管理器"中选择数据库 TSGL 中的表 books，单击右键，在弹出的快捷菜单中选择"属性"选项。

（2）在"表属性-books"窗口中选择"权限"页面，在用户 TSSQLUser 的权限中，选择"选择"的授予权限，如图 1-9-17 所示。

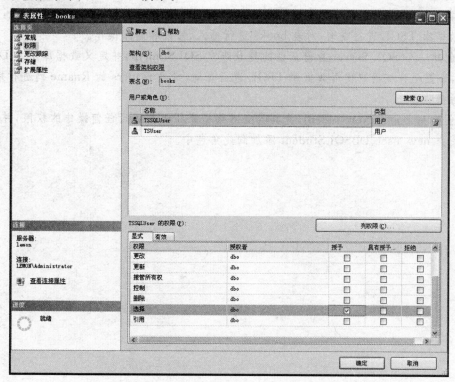

图 1-9-17　授予用户 TSSQLUser 权限

（3）单击"列权限"按钮，在弹出的"列权限"对话框中选择 Bname、Author 的授予权限，如图 1-9-18 所示。

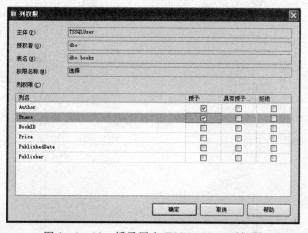

图 1-9-18　授予用户 TSSQLUser 列权限

（4）单击"确定"按钮，返回"表属性"对话框。再单击"确定"按钮，关闭"表属性"对话框。

？思考与练习

1. 创建一个 Windows 身份认证的登录账户 newuser，并将其设置为系统管理员账户。

2. 在 Windows 身份认证的登录账户 newuser 下创建一个数据库用户 new_user，允许该用户对数据库 TSGL 进行查询，对表 books 进行插入、修改和删除操作。

3. 创建一个 SQL Server 身份认证的登录账户 SQLStudent，并定义数据库用户 DBSQLStudent，设置允许该用户使用数据库 TSGL 进行查询，对表 readers 的 Rname 列进行插入、修改和删除操作。

4. 创建一个角色 Newstudent，使其具有对数据库 TSGL 进行任何操作的权限，并将上面创建的用户 new_user、DBSQLStudent 添加到此角色中。

实验 10
数据库备份与恢复

知识要点

数据库恢复机制是数据库管理系统的重要组成部分,经常的备份可以有效防止数据丢失,使管理员能够把数据库从错误的状态恢复到已知的正确状态。

1. 恢复技术的基本原理及实现技术。

恢复的基本原理是数据冗余。就是说,数据库中任何一部分被破坏的或不正确的数据可以根据存储在系统别处的冗余数据来重建。建立冗余数据最常用的技术是数据转储和登录日志文件。通常在一个数据库系统中,这两种方法是一起使用的。

2. 数据库备份类型。

在 SQL Server 中,数据库备份类型主要有三种,分别是完全数据库备份、差异数据库备份和事务日志备份。除了对数据库进行以上备份之外,还可以对数据库文件和文件组进行直接备份。

(1)完全数据库备份。完全数据库备份是对数据库的完整备份,包括数据库的所有数据文件和在备份过程中发生的任何活动。此类备份需要较大的存储空间,也需要相当长的备份时间,其优点是操作简单,可以按一定的时间间隔预先设定备份的时间,且恢复时只需一个步骤就可以完成。

(2)差异数据库备份。差异数据库备份只备份自最近一次完全数据库备份以来被修改的那些数据。所以差异备份依赖完全数据库备份。相较于完全备份,它具有速度快、占用空间小的优点。但是,差异备份只提供将数据库恢复到差异数据库备份创建时的能力,不具备恢复到失效点的能力。为了提供恢复到失效点的能力,需要采用事务日志备份。

(3)事务日志备份。事务日志备份是备份自上次事务日志备份后到当前事务日志末尾的部分。使用事务日志备份可以将数据库恢复到特定的检查点或故障点。事务日志备份仅适用于使用完全恢复模式或大容量日志恢复模式的数据库。系统出现故障时,首先恢复完全数据库备份,然后恢复日志备份。

(4)文件/文件组备份。文件/文件组备份是对数据库中的某些文件或文件组进行备份,此类备份主要适用于在系统没有足够的时间用于完全备份、差异备份时,且需要与事务日志备份组合使用。

3. 备份和恢复数据库的 SQL 语句

(1)备份数据库的 SQL 语句。

```
BACKUP DATABASE @database_name
    TO <备份设备>
```

```
[ WITH
[ [,] DESCRIPTON = @text]
[ [,] DIFFERENTIAL]
[ [,] EXPIREDATE = @date]
[ [,] MEDIAPASSWORD = @mediapassword]
[ [,] PASSWORD = @password]
[ [,] INIT | NOINIT]
[ [,] NAME = @backup_set_name]
```

(2)恢复数据库的 SQL 语句。

```
RESTORE DATABASE @database_name
FROM <备份设备>
[ WITH
[ [,] MEDIAPASSWORD = @mediapassword]
[ [,] PASSWORD = @password]
[ [,] MOVE ´logical_file_name´ TO ´operating_system_file_name´]
[ [,] {NORECOVERY | RECOVERY |STANDBY = undo_file_name }]
[ [,] REPLACE]
[ [,] RESTART]
```

实验 10.1   完全数据库备份与简单恢复

实验目的

1. 理解与掌握完全数据库备份与简单恢复；
2. 掌握运用 SSMS 中的设计工具执行完全数据库备份及其简单恢复的方法；
3. 掌握运用 SQL 语句执行完全数据库备份及其简单恢复的方法。

实验内容

1. 运用 SSMS 提供的备份向导对 TSGL 数据库进行完全备份；
2. 运用 SSMS 提供的还原向导对数据库 TSGL 进行恢复；
3. 运用 SQL 语句完成对 TSGL 数据库的完全备份。

实验步骤

1. 运用 SSMS 提供的备份向导对 TSGL 数据库进行完全备份。
(1)打开 SSMS 的主界面，在"对象资源管理器"中选择数据库 TSGL。

(2)单击 TSGL 数据库右键,在弹出的快捷菜单中选择"任务"→"备份"选项,打开"备份数据库"窗口,如图 1-10-1 所示。

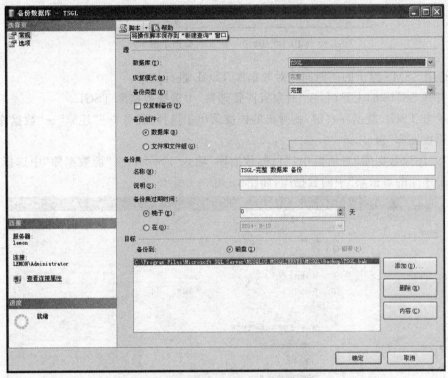

图 1-10-1 "备份数据库"对话框

(3)在"备份数据库"对话框中选择数据库 TSGL,备份类型为"完整",备份组件为"数据库",设置"目标备份到"。

(4)单击"添加"按钮,在弹出的"选择备份目标"对话框中单击"…"按钮,然后在"定位数据库文件"对话框中选择路径 d:\数据库备份,并输入文件名 TSGL_bak. bak,如图 1-10-2所示。

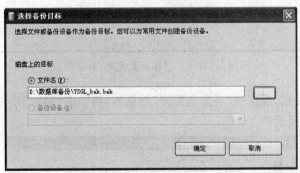

图 1-10-2 "选择备份目标"对话框

(5)单击"确定"按钮,回到"备份数据库"对话框,再单击"确定"按钮,会弹出备份成功提示框,如图 1-10-3 所示。

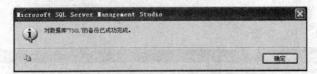

图 1-10-3 备份成功提示框

2. 运用 SSMS 提供的还原向导对数据库 TSGL 进行恢复。

(1)打开 SSMS 的主界面,在"对象资源管理器"中选择数据库 TSGL。

(2)单击 TSGL 数据库右键,在弹出的快捷菜单中选择"任务"→"还原"→"数据库"选项,打开"还原数据库"窗口。

(3)在"还原数据库"对话框中,"目标数据库"输入 TSGL1,在"源数据库"中选择 TSGL,选择"用于还原的备份集"中的数据库,如图 1-10-4 所示。

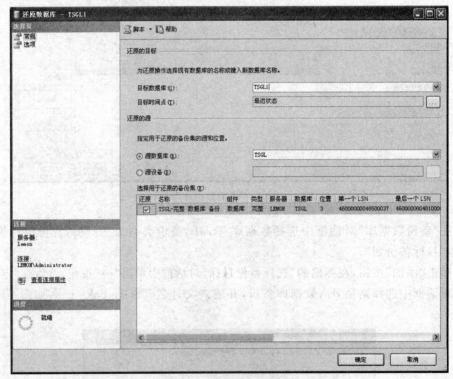

图 1-10-4 "还原数据库"对话框

(4)单击"确定"按钮,返回到"还原数据库"对话框,再单击"确定"按钮,会弹出还原成功提示框,如图 1-10-5 所示。

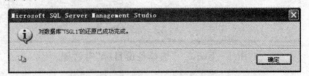

图 1-10-5 还原成功提示框

3. 运用 SQL 语句完成对 TSGL 数据库的完全备份。

(1)首先在本地磁盘上创建一个备份设备,打开 SSMS 的主界面,在"对象资源管理器"中选择服务器对象并展开,选择"备份设备"选项,单击右键,在弹出的快捷菜单中选择"新建备份设备"选项。

(2)打开"新建备份设备"对话框,在设备名称输入 TSGLbak,再单击"目标"下面的"文件"右边的"…"按钮,显示"定位数据库文件"对话框,选定路径为 d:\mysql_data,输入文件名 TSGL1.bak,如图 1-10-6 所示。

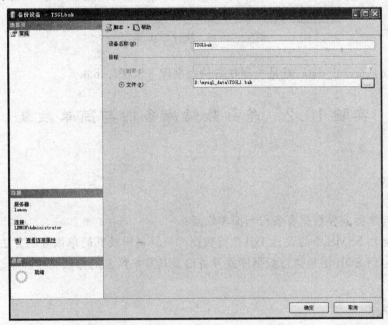

图 1-10-6 "新建备份设备"对话框

(3)单击"确定"按钮,回到"新建备份设备"对话框,再单击"确定"按钮。

(4)在"对象资源管理器"中,查看发现备份设备文件 TSGLbak 已创建,以便存储备份内容,如图 1-10-7 所示。

图 1-10-7 创建备份设备文件

(5)单击工具栏上的"新建查询(N)"按钮,打开查询编辑器窗口。

(6)在查询窗口中输入相应的 SQL 语句,单击工具栏上的"分析"按钮,检查是否有语法错误,再单击"执行"按钮,如图 1-10-8 所示。

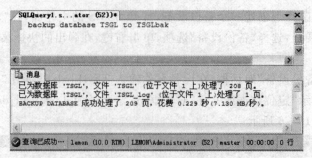

图 1-10-8　执行 SQL 语句

(7)查看 d:\mysql_data,看是否存在备份数据库 TSGL1.bak。

实验 10.2　差异数据库备份与简单恢复

实验目的

1. 理解与掌握差异数据库备份与简单恢复;
2. 掌握运用 SSMS 中的设计工具执行数据库差异备份及其简单恢复的方法;
3. 掌握运用 SQL 语句执行数据库差异备份及其简单恢复的方法。

实验内容

1. 运用 SSMS 提供的备份向导对 TSGL 数据库进行差异备份;
2. 运用 SSMS 提供的还原向导对数据库 TSGL 进行恢复;
3. 运用 SQL 语句完成对 TSGL 数据库的差异备份。

实验步骤

1. 运用 SSMS 提供的备份向导对 TSGL 数据库进行差异备份。

(1)打开 SSMS 的主界面,在"对象资源管理器"中选择数据库 TSGL。

(2)单击 TSGL 数据库右键,在弹出的快捷菜单中选择"任务"→"备份"选项,打开"备份数据库"窗口。

(3)在"备份数据库"对话框中选择数据库 TSGL,备份类型为"差异",备份组件为"数据库",设置"目标备份到"。

(4)单击"添加"按钮,在弹出的"选择备份目标"对话框中单击"…"按钮,然后在"定位数据库文件"对话框中选择路径 d:\数据库备份,并输入文件名 TSGL.bak。

(5)分别单击"确定"按钮,逐一关闭对话框,完成数据库的差异备份。

2. 运用 SSMS 提供的还原向导对数据库 TSGL 进行恢复。

(1)打开 SSMS 的主界面,在"对象资源管理器"中选择数据库 TSGL。

（2）单击 TSGL 数据库右键，在弹出的快捷菜单中选择"任务"→"还原"→"数据库"选项，打开"还原数据库"窗口。

（3）在"还原数据库"对话框中选择目标数据库以及源数据库，并选择相应的用于还原的备份集。

（4）分别单击"确定"按钮，逐一关闭对话框，完成对数据库 TSGL 的恢复。

3. 运用 SQL 语句完成对 TSGL 数据库的差异备份。

（1）单击工具栏上的"新建查询(N)"按钮，打开查询编辑器窗口。

（2）在查询编辑窗口中输入相应的 SQL 语句，单击工具栏上的"分析"按钮，检查是否有语法错误，再单击"执行"按钮，如图 1-10-9 所示。

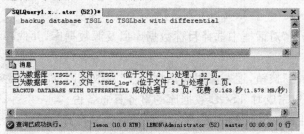

图 1-10-9　执行 SQL 语句

（3）查看 d:\mysql_data，看是否存在备份数据库 TSGL1.bak。

实验 10.3　事务日志备份与简单恢复

实验目的

1. 理解与掌握事务日志备份与简单恢复；
2. 掌握运用 SSMS 中的设计工具执行数据库差异备份及其简单恢复的方法；
3. 掌握运用 SQL 执行数据库差异备份及其简单恢复的方法。

实验内容

1. 运用 SSMS 提供的备份向导对 TSGL 数据库进行事务日志备份；
2. 运用 SSMS 提供的还原向导对数据库 TSGL 进行恢复；
3. 运用 SQL 语句完成对 TSGL 数据库的事务日志备份。

实验步骤

1. 运用 SSMS 提供的备份向导对 TSGL 数据库进行事务日志备份。
（1）打开 SSMS 的主界面，在"对象资源管理器"中选择数据库 TSGL。
（2）单击 TSGL 数据库右键，在弹出的快捷菜单中选择"任务"→"备份"选项，打开"备份数据库"窗口。

(3)在"备份数据库"对话框中选择数据库 TSGL,备份类型为"事务日志",备份组件为"数据库",设置"目标备份到"。

(4)单击"添加"按钮,在弹出的"选择备份目标"对话框中单击"…"按钮,然后在"定位数据库文件"对话框中选择路径 d:\数据库备份,并输入文件名 TSGL-log. bak。

(5)分别单击"确定"按钮,逐一关闭对话框,完成数据库的事务日志备份。

2. 运用 SSMS 提供的还原向导对数据库 TSGL 进行恢复。

(1)打开 SSMS 的主界面,在"对象资源管理器"中选择数据库 TSGL。

(2)单击 TSGL 数据库右键,在弹出的快捷菜单中选择"任务"→"还原"→"数据库"选项,打开"还原数据库"窗口。

(3)在"还原数据库"对话框中选择目标数据库以及源数据库,并选择相应的用于还原的备份集。

(4)分别单击"确定"按钮,逐一关闭对话框,完成对数据库 TSGL 事务日志的恢复。

3. 运用 SQL 语句完成对 TSGL 数据库的事务日志备份。

(1)单击工具栏上的"□ 新建查询(N)按钮",打开查询编辑器窗口。

(2)在查询编辑窗口中输入相应的 SQL 语句,单击工具栏上的"分析"按钮,检查是否有语法错误,再单击"执行"按钮,如图 1-10-10 所示。

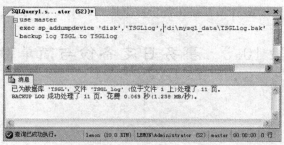

图 1-10-10 执行 SQL 语句

(3)查看 d:\mysql_data,看是否存在备份数据库 TSGLlog. bak。

思考与练习

针对数据库 TSGL 进行下面的实验:

1. 运用 SQL 语句完整备份数据库 TSGL。

2. 运用 SQL 语句差异备份数据库 TSGL。

3. 运用 SQL 语句对数据库 TSGL 进行事务日志备份。

4. 运用 SSMS 中的设计工具还原数据库 TSGL 的内容到 TSGL1。

实验 11

数据的导入和导出

 知识要点

作为数据库管理员,对数据库进行数据的导入和导出是一项经常执行的基本任务。

1. 导入和导出数据

导入数据是从 Microsoft SQL Server 的外部数据源(如 ASCII 文本文件)中检索数据,并将数据插入到 SQL Server 表的过程。导出数据是将 SQL Server 实例中的数据析取为某些用户指定格式的过程,如将 SQL Server 表的内容复制到 Microsoft Access 数据库中。

2. 数据导入和导出的原因

(1)数据迁移。建立数据库后,要执行的第一步很可能是将数据从外部数据源导入 SQL Server 数据库,然后即可开始使用该数据库。例如,可以把 Excel 工作表中的数据,或文本文件格式的文件数据导入 SQL Server 实例。

(2)转换异构数据。异构数据是以多种格式存储的数据,如存储在 SQL Server 数据库、文本文件和 Excel 电子表中的数据。转换异构数据就是将这些使用不同格式存储的数据转换到统一存储模式中。

实验 11.1　导入 SQL Server 数据表

实验目的

学习和掌握导入数据的操作方法。

实验内容

运用 SQL Server 的导入和导出向导将 Microsoft Excel 表中的数据导入到 SQL Server 数据库中。

实验步骤

将 Microsoft Excel 表的内容导入到 SQL Server 数据库 TSXX 中。

(1)打开 SSMS 的主界面,在"对象资源管理器"中新建数据库 TSXX(步骤见实验 2)。

（2）选择数据库 TSXX，单击右键，在弹出的快捷菜单中选择"任务"→"导入数据"选项，打开"SQL Server 导入和导出向导"对话框，如图 1-11-1 所示。

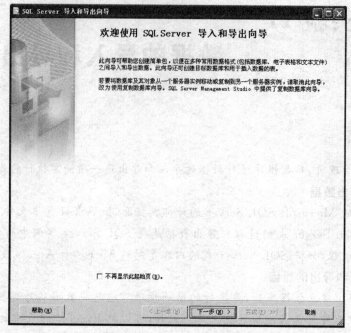

图 1-11-1 "SQL Server 导入和导出向导"对话框

（3）单击"下一步"按钮，进入"选择数据源"对话框，在"数据源"下拉列表框中选择 Microsoft Excel，然后在"Excel 文件路径"右边的"预览"按钮中选择要导入的 Excel 数据表的文件存储路径，如图 1-11-2 所示。

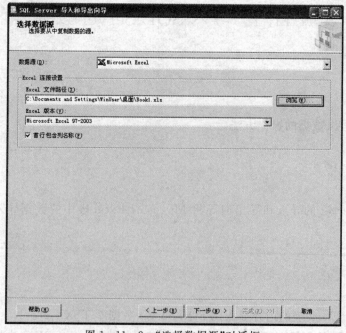

图 1-11-2 "选择数据源"对话框

(4)单击"下一步"按钮,进入"选择目标"对话框,在"目标"下拉列表框中选择 SQL Server Native Client 10.0;在"服务器名称"文本框中输入本地服务器名称,"身份认证"选择"使用 Windows 身份认证",并在"数据库"文本框中输入 TSXX,如图 1 - 11 - 3 所示。

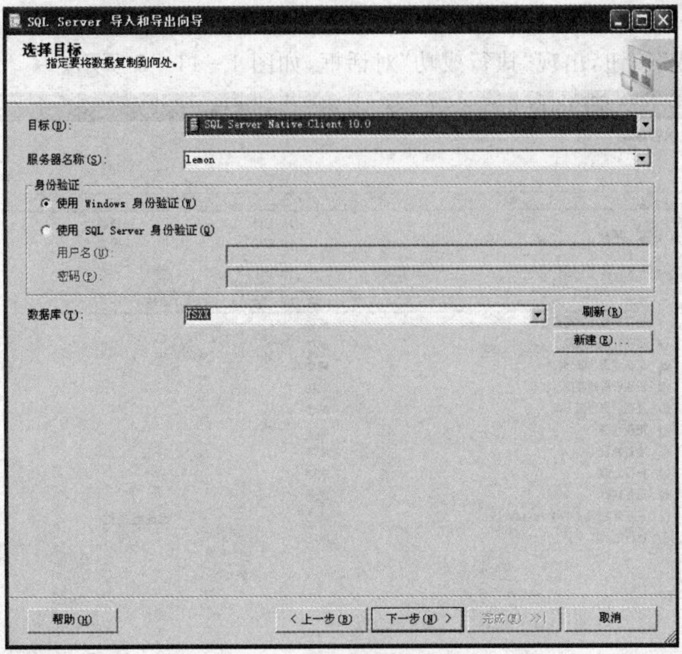

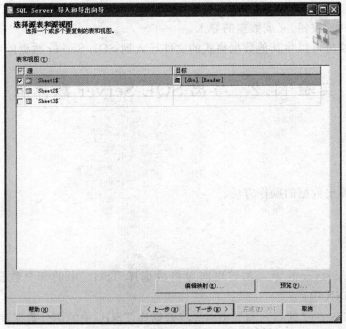

图 1 - 11 - 3　"选择目标"对话框

(5)单击"下一步"按钮,进入"指定表复制或查询"对话框,选中"复制一个或多个表或视图的数据"单项按钮,然后单击"下一步"按钮,进入"选择源表和源视图"对话框,如图 1 - 11 - 4 所示。

图 1 - 11 - 4　"选择源表和源视图"对话框

（6）选中"Sheet1＄"前面的复选框，在"目标"列中单击"［dbo］.［Sheet1＄]"，将其改为"［dbo].［Reader]"。

（7）单击"下一步"按钮，显示"保存并运行包"对话框，选中"立即运行"前面的复选框。

（8）单击"下一步"按钮，出现"完成该向导"对话框。

（9）单击"完成"按钮，出现"执行成功"对话框，如图 1-11-5 所示。

图 1-11-5 "执行成功"对话框

（10）单击"关闭"按钮，完成数据的导入。

用类似的方法也可以将其他数据格式的文件导入到 SQL Server 数据库中。

实验 11.2 导出 SQL Server 数据表

实验目的

学习和掌握导出数据的操作方法。

实验内容

1. 运用 SQL Server 的导入和导出向导将数据库 TSGL 中的部分数据表导出到 SQL Server 数据库 TSXX 中；

2. 运用 SQL Server 的导入和导出向导将数据库 TSGL 中的部分数据表导出到 Excel 工作表中。

实验步骤

1. 运用 SQL Server 的导入和导出向导将数据库 TSGL 中的部分数据表导出到 SQL Server 数据库 TSXX 中。

(1)打开 SSMS 的主界面,在"对象资源管理器"中选择数据库并展开。

(2)选择数据库 TSGL,单击右键,在弹出的快捷菜单中选择"任务"→"导出数据"选项,打开"SQL Server 导入和导出向导"对话框。

(3)单击"下一步"按钮,进入"选择数据源"对话框,在"数据源"下拉列表框中选择 SQL Server Native Client 10.0,在"服务器名称"文本框中输入本地服务器名称,"身份认证"选择"使用 Windows 身份认证",并在"数据库"文本框中输入 TSGL,如图 1-11-6 所示。

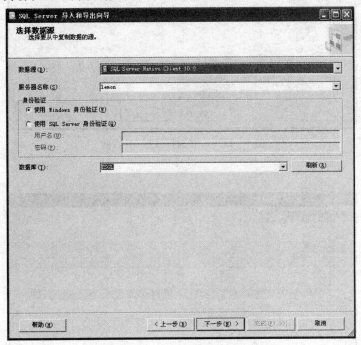

图 1-11-6　"选择数据源"对话框

(4)单击"下一步"按钮,进入"选择目标"对话框,在"目标"下拉列表框中选择 SQL Server Native Client 10.0;在"服务器名称"文本框中输入本地服务器名称,"身份认证"选择"使用 Windows 身份认证",并在"数据库"下拉列表框中选择 TSXX,如图 1-11-7 所示。

(5)单击"下一步"按钮,进入"指定表复制或查询"对话框,选中"复制一个或多个表或视图的数据"单项按钮,然后单击"下一步"按钮,进入"选择源表和源视图"对话框,选中"[dbo]. [books]"、"[dbo].[Readers]"前面的复选框,如图 1-11-8 所示。

(6)单击"下一步"按钮,显示"保存并运行包"对话框,选中"立即运行"前面的复选框。

(7)单击"下一步"按钮,出现"完成该向导"对话框。

(8)单击"完成"按钮,出现"执行成功"对话框,如图 1-11-9 所示。

(9)单击"关闭"按钮,完成数据的导出。

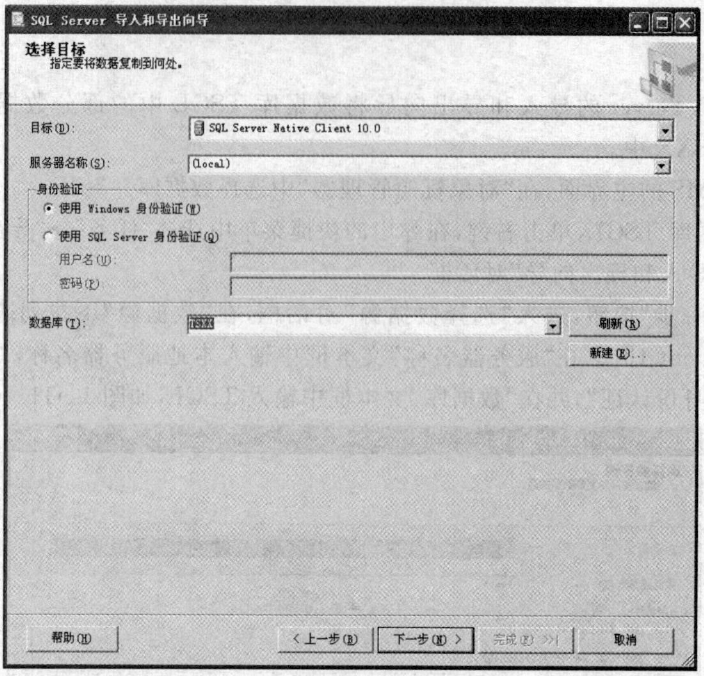

图 1-11-7 "选择目标"对话框

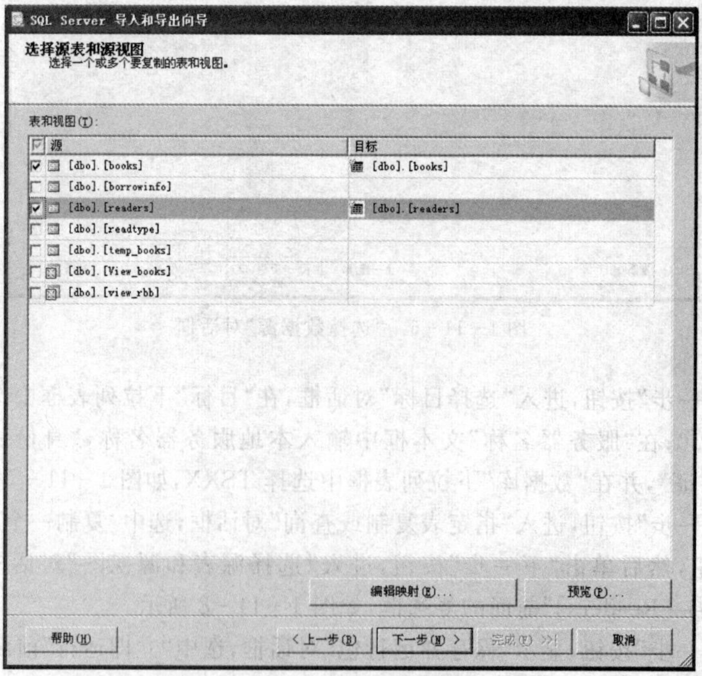

图 1-11-8 "选择源表和源视图"对话框

图 1-11-9 "执行成功"对话框

2. 运用 SQL Server 的导入和导出向导将数据库 TSGL 中的部分数据表导出到 Excel 工作表中。

(1)打开 SSMS 的主界面,在"对象资源管理器"中选择数据库并展开。

(2)选择数据库 TSGL,单击右键,在弹出的快捷菜单中选择"任务"→"导出数据"选项,打开"SQL Server 导入和导出向导"对话框。

(3)单击"下一步"按钮,进入"选择数据源"对话框,在"数据源"下拉列表框中选择 SQL Server Native Client 10.0,在"服务器名称"文本框中输入本地服务器名称,"身份认证"选择"使用 Windows 身份认证",并在"数据库"文本框中输入 TSGL,如图 1-11-10 所示。

(4)单击"下一步"按钮,进入"选择目标"对话框,在"目标"下拉列表框中选择 Microsoft Excel,然后在"Excel 文件路径"右边的"预览"按钮中选择要导出的 Excel 数据表文件存储路径,如图 1-11-11 所示。

(5)单击"下一步"按钮,进入"指定表复制或查询"对话框,选中"复制一个或多个表或视图的数据"单项按钮,然后单击"下一步"按钮,进入"选择源表和源视图"对话框。

(6)选中"[dbo].[books]"前面的复选框,如图 1-11-12 所示。

(7)单击"下一步"按钮,显示"保存并运行包"对话框,选中"立即运行"前面的复选框。

(8)单击"下一步"按钮,出现"完成该向导"对话框。

(9)单击"完成"按钮,出现"执行成功"对话框。

(10)单击"关闭"按钮,完成数据的导出。

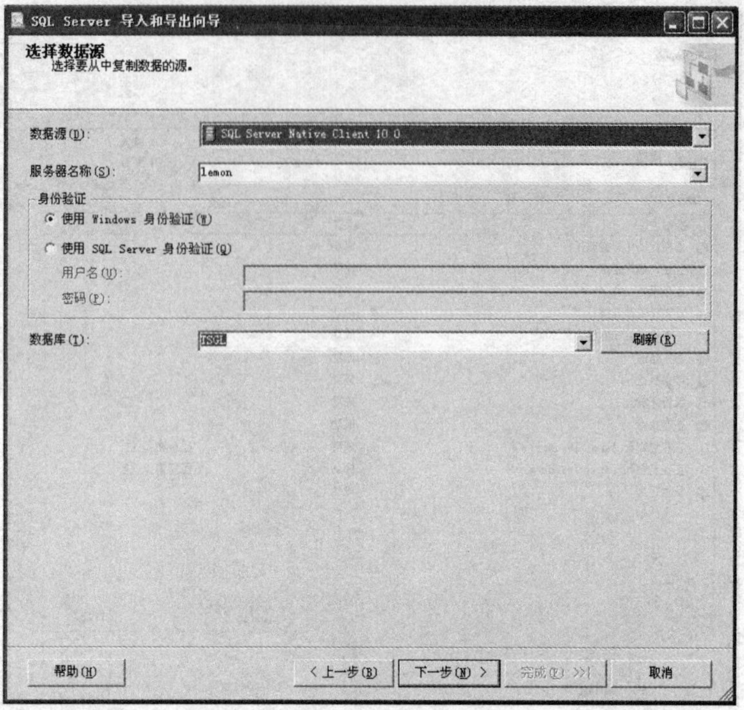

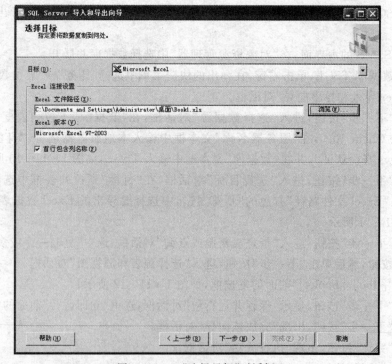

图 1-11-10 "选择数据源"对话框

图 1-11-11"选择目标"对话框

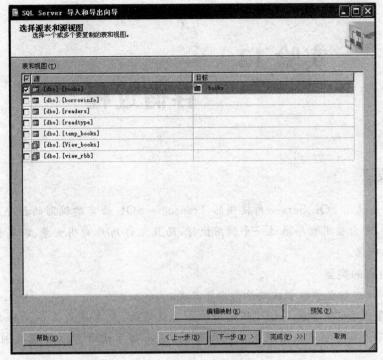

图 1-11-12 "选择源表和源视图"对话框

?思考与练习

针对数据库 TSGL 进行下面的实验:

1. 运用导入和导出向导,将读者信息表 readers 中的数据导出为 Microsoft Excel 文件。

2. 运用导入和导出向导,将图书信息表 books 中的数据导出为一个 TXT 格式的数据文件。

3. 运用导入和导出向导,将数据库 TSGL 读者信息表 readers 中学生的信息导出到另一数据库 TSXX 中。

实验 12

存储过程

 知识要点

存储过程是使用 SQL Server 所提供的 Transact - SQL 语言所编写的程序。存储过程存储在数据库内,可由应用程序通过一个调用执行,而且允许用户声明变量、有条件执行以及其他强大的编程功能。

1. 存储过程的类型

SQL Server 中的存储过程主要分为以下三类:

(1)系统存储过程。系统存储过程是系统自动创建的,主要存储在 master 数据库中并以 sp_为前缀。其功能主要是从系统表中获取信息,从而为系统管理员管理 SQL Server 提供支持。

(2)扩展存储过程。扩展存储过程是指 Microsoft SQL Server 的实例可以动态加载和运行的 DLL。扩展存储过程允许用户使用编程语言(如 C 语言)创建自己的外部例程。

(3)用户自定义存储过程。用户自定义存储过程是由用户创建并完成某一特定功能的存储过程,存储在所属的数据库中。

2. 存储过程的特点

在 SQL Server 中使用存储过程而不使用存储在客户计算机本地的 T - SQL 程序的原因,主要是存储过程具有以下特点:

(1)允许模块化程序设计。存储过程只需创建一次便可作为数据库中的对象之一存储在数据库中,以后各用户即可在程序中调用该过程任意次。

(2)执行速度更快。存储过程只在第一次执行时需要编译且被存储在存储器内,其他次执行就可以不必由数据引擎再逐一翻译,从而提高了执行速度。

(3)减少网络流量。一个需要数百行 Transact - SQL 代码的操作由一条执行过程代码的单独语句就可以实现,而不需要在网络中发送数百行代码。

(4)可作为安全机制使用。对于没有直接执行存储过程中某个(些)语句权限的用户,也可授予他们执行该存储过程的权限。

(5)减轻操作人员和程序设计者的劳动强度。用户可以通过执行现有的存储过程,并提供存储过程所需的参数就可以得到他要的结果,而不用接触 SQL 命令。

3. SQL Server 应用程序

在使用 SQL Server 创建应用程序时,Transact - SQL 编程语言是应用程序和 SQL Server 数据库之间的主要编程接口。使用 Transact - SQL 程序时,可用以下两种方法存储和执行程序:

(1)在本地(客户端)创建并存储程序,把此程序发送给 SQL Server 执行;

(2)在 SQL Server 中创建存储过程,并将其存储在 SQL Server 中;然后 SQL Server 或客户端调用执行此存储过程。

4. 存储过程的功能

SQL Server 中的存储过程与其他编程语言中的过程类似,其功能如下:

(1)可以以输入参数的形式引用存储过程以外的参数。

(2)可以以输出参数的形式将多个值返回给调用它的过程或批处理。

(3)存储过程中包含有执行数据库操作的编程语句,也可调用其他存储过程。

(4)用 RETURN 向调用过程或批处理返回状态值,以表明成功或失败,以及失败原因。

5. 创建存储过程的 SQL 语句

CREATE PROCEDURE［拥有者.］［存储过程名］［;程序编号］

［{ @参数名 数据类型 }［ VARYING］［ = 默认值］［ OUTPUT］］

［,…n］

［WITH {RECOMPILE | ENCRYPTION | RECOMPILE,ENCRYPTION}］

AS 程序行

6. 执行存储过程的 SQL 语句

［［ EXEC［UTE］］［ @返回值 =］{ 程序名［;程序编号］

| @存储程序名的变量 }［［ @参数名 =］{ 参数值 }

| @变量［OUTPUT］ | ［DEFAULT］］［,…n］

［ WITH RECOMPILE］

实验 12.1　创建并执行存储过程

实验目的

1. 掌握运用 SQL 语句创建存储过程;

2. 掌握执行存储过程的方法。

实验内容

1. 运用 SQL 语句创建存储过程 proc_Qrinf:通过读者号查询读者的姓名、类型、借阅数量。默认读者号是"2014000001";

2. 执行存储过程 proc_Qrinf,输入读者号为 2014000002,显示该读者的姓名、类型、借阅数量;

3. 运用 SQL 语句创建存储过程 Proc_Qborinf:从 borrowinfo 表中查询某一读者借阅的图书总数;

4. 执行存储过程 Proc_Qborinf,查询并显示读者 2014000004 借阅的图书总数。

🌸 **实验步骤**

1. 运用 SQL 语句创建并执行存储过程 proc_Qrinf：通过读者号查询读者的姓名、类型、借阅数量。默认读者号是"2014000001"。

(1)打开 SSMS 的主界面，单击工具栏上的" 🔲 新建查询(N) "按钮，打开查询编辑器窗口。

(2)在查询窗口中输入如下 SQL 语句：

```
CREATE PROCEDURE proc_Qrinf
@ReaderID nvarchar(255) = ´2014000001´,
@Rname nvarchar(255)output,
@ReaderType int output,
@BorrowedQuantity int output
AS select @ Rname = Rname,@ReaderType = ReaderType,
@BorrowedQuantity = BorrowedQuantity
from readers
whereReaderID = @ReaderID
go
```

(3)单击工具栏上的"分析"按钮，检查是否有语法错误。

(4)单击工具栏上的"执行"按钮，执行上面的 SQL 语句，如图 1-12-1 所示。

图 1-12-1 创建存储过程

2. 执行存储过程 proc_Qrinf，输入读者号为 2014000002，显示该读者的姓名、类型、借阅数量。

(1)打开 SSMS 的主界面，单击工具栏上的" 🔲 新建查询(N) "按钮，打开查询编辑器窗口。

(2)在查询窗口中输入如下 SQL 语句：

```
Declare @ReaderID nvarchar(255),@Rname nvarchar(255),
@ ReaderType int,@BorrowedQuantity int
select @ReaderID = ´2014000002´
EXEC proc_Qrinf @ReaderID,
```

```
@Rname = @Rname output,
@ReaderType = @ReaderType output,
@BorrowedQuantity = @BorrowedQuantity output
print @Rname
print @ReaderType
print @BorrowedQuantity
go
```

(3)单击工具栏上的"分析"按钮,检查是否有语法错误。

(4)单击工具栏上的"执行"按钮,执行上面的 SQL 语句,如图 1-12-2 所示。

图 1-12-2 执行存储过程

3. 运用 SQL 语句创建存储过程 Proc_Qborinf:从 borrowinfo 表中查询某一读者借阅的图书总数。

(1)打开 SSMS 的主界面,单击工具栏上的 **新建查询(N)** 按钮,打开查询生成器。

(2)在查询窗口中输入如下 SQL 语句:

```
CREATE PROCEDURE proc_Qborinf
@ReaderID nvarchar(255),
@Qbor int output
AS select @Qbor = count(ReaderID)
from borrowinfo
whereReaderID = @ReaderID
go
```

(3)单击工具栏上的"分析"按钮,检查是否有语法错误。

(4)单击工具栏上的"执行"按钮,执行上面的 SQL 语句,如图 1-12-3 所示。

4. 执行存储过程 Proc_Qborinf,查询并显示读者 2014000004 借阅的图书总数。

(1)打开 SSMS 的主界面,单击工具栏上的" **新建查询(N)** "按钮,打开查询编辑器窗口。

(2)在查询窗口中输入如下 SQL 语句:

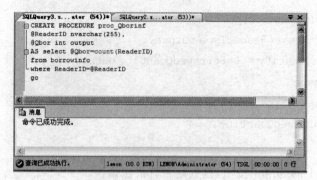

图 1-12-3　创建存储过程

Declare @ReaderID nvarchar(255),@Qbor int

select @ReaderID = ´2014000004´

EXEC proc_Qbroinf @ReaderID,

@ Qbor output

print Rtrim(@ReaderID) + ´ = ´ + Ltrim(str(@Qbor))

go

(3)单击工具栏上的"分析"按钮,检查是否有语法错误。

(4)单击工具栏上的"执行"按钮,执行上面的 SQL 语句,如图 1-12-4 所示。

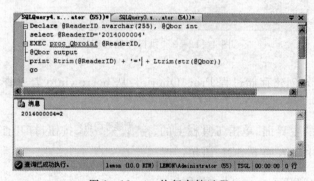

图 1-12-4　执行存储过程

实验 12.2　修改和删除存储过程

实验目的

1. 掌握修改存储过程的方法;
2. 掌握删除存储过程的方法。

实验内容

1. 运用 SQL 语句修改存储过程 proc_Qrinf:把定义的变量 ReaderID 的长度修改为 20 个

字节,存储过程定义为根据读者的 ReaderID 来查询读者的姓名和类型;默认读者的 ReaderID 为 2014000002;

　　2. 运用 SSMS 中的设计工具删除存储过程 proc_Qbroinf;

　　3. 运用 SQL 语句删除存储过程 proc_Qrinf。

🍂 实验步骤

　　1. 运用 SQL 语句修改存储过程 proc_Qrinf:把定义的变量 ReaderID 的长度修改为 20 个字节,存储过程定义为根据读者的 ReaderID 来查询读者的姓名和类型;默认读者的 ReaderID 为 2014000002。

　　(1)打开 SSMS 的主界面,单击工具栏上的"🔲 新建查询(N)"按钮,打开查询编辑器窗口。

　　(2)在查询窗口中输入如下 SQL 语句:

ALTER PROCEDURE proc_Qrinf

@ReaderID nvarchar(20) = ´2014000002´,

@Rname nvarchar(255)output,

@ ReaderType int output,

@ BorrowedQuantity int output

AS select @Rname = Rname,@ReaderType = ReaderType

from Readers

where ReaderID = @ReaderID

　　(3)单击工具栏上的"分析"按钮,检查是否有语法错误。

　　(4)单击工具栏上的"执行"按钮,执行上面的 SQL 语句,如图 1-12-5 所示。

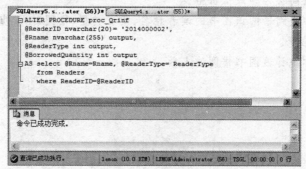

图 1-12-5　修改存储过程

　　2. 运用 SSMS 中的设计工具删除存储过程 proc_Qbroinf。

　　(1)打开 SSMS 的主界面,在"对象资源管理器"中选择数据库并展开。

　　(2)选择 TSGL→"可编程性"→"存储过程",单击 dbo. proc_Qbroinf 右键,在弹出的快捷菜单中选择"删除"选项,存储过程 proc_Qbroinf 即被删除。

　　3. 运用 SQL 语句删除存储过程 proc_Qrinf。

　　(1)打开 SSMS 的主界面,单击工具栏上的"🔲 新建查询(N)"按钮,打开查询编辑器窗口。

(2)在查询窗口中输入如下 SQL 语句:

USE TSGL

Drop procedure proc_Qrinf

Go

(3)单击工具栏上的"分析"按钮,检查是否有语法错误。

(4)单击工具栏上的"执行"按钮,执行上面的 SQL 语句,如图 1-12-6 所示。

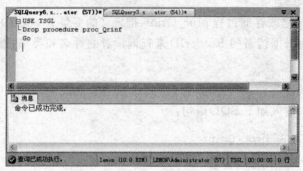

图 1-12-6 删除存储过程

?思考与练习

针对数据库 TSGL,创建下列存储过程:

1. 根据读者编号查询某读者的借阅图书情况,包括读者编号、读者姓名、图书编号、图书名称、借阅时间。

2. 查询图书的最高价格和最低价格。

3. 根据图书名称查询借阅该图书的读者姓名、读者类型、借阅时间、归还时间,并给出"软件工程"图书的查询信息。

4. 根据图书名称统计该图书借阅的人数。

第二部分

设 计 篇

设计 1

网上人才招聘系统

本案例是以 Eclipse 作为开发平台,结合 JSP、JavaScript 等技术设计的一个网上人才招聘系统的简单应用程序。该系统涉及的功能比较少,有兴趣的读者可以在此基础上增加一些功能,对系统进行完善。

1.1 需求分析

招聘作为人力资源管理的一部分,在整个企业的人力资源管理中发挥着重大的作用。随着信息技术的发展,基于互联网的网上人才招聘系统逐渐发展起来。网上人才招聘系统是先进的计算机科学技术和现代招聘理念相结合的产物,通过网上招聘系统,应聘者和招聘单位可以突破时间和空间的限制,交互式地完成信息的交流,实现工作求职和单位的人才招聘。

在网上人才招聘系统中,各个企业发布招聘信息,求职者根据自己的求职要求在线递交简历,企业在线查看求职者的简历,并且根据自己的需要自动筛选并保留合适的简历,以发出面试通知。这种基于招聘双方主动性的网上交流,不仅可以迅速、快捷地传递信息,而且还可以瞬间更新信息,其招聘范围广,信息量大,可挑选余地大,招聘效果好,费用低的特点,受到越来越多企业的青睐。

网上人才招聘系统应该实现以下目标:

(1)系统能够提供友好的用户界面,使操作人员的工作量最大限度地减少;

(2)系统应有良好的可扩充性,可以容易地加入其他功能;

(3)系统提供人才与职位的推荐功能,使应聘者和招聘单位很方便地找到适合自己的岗位和人才;

(4)系统提供人才与职位的查询功能,方便应聘者和招聘单位找到符合自己需求的岗位和人才。

1.2 系统功能模块设计

本系统主要分为个人用户、用人单位两大模块,其功能模块如图 2-1-1 所示。

1. 个人用户模块

(1)注册个人信息。此模块要求求职者必须首先进行注册,成为本系统的合法用户,才能发布求职信息。用户在注册模块中主要完成登录名、登录密码以及个人基本信息的填写。

(2)修改个人信息。在此模块中,用户可以修改注册时填写的基本信息。

(3)投递简历。此模块的功能是求职者根据不同用人单位发布的招聘信息,选择适合自己的岗位投递简历。

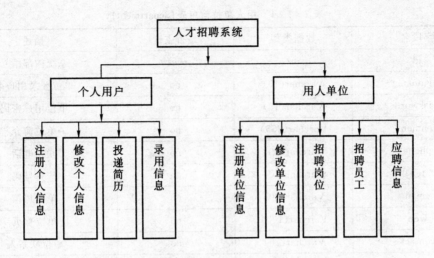

图 2-1-1 系统功能模块图

（4）录用信息。此模块的功能是求职者可以查看自己是否被投递了简历的用人单位录用。

2. 用人单位模块

（1）注册单位信息。此模块要求用人单位必须首先进行注册，成为本系统的合法用户，才能发布招聘信息。用人单位在注册模块中主要完成登录名、登录密码以及单位基本信息的填写。

（2）修改单位信息。在此模块中，用人单位可以修改注册时填写的基本信息。

（3）招聘岗位。此模块的功能是用人单位可以录入本单位需要招聘的人才岗位信息，包括要招录的岗位、具体条件和要求等。

（4）招聘员工。此模块的功能是用人单位可以查看求职人员以及他们的基本信息，如果他们是本单位需要的人才，可以向该求职人员发出通知。

（5）应聘信息。此模块的功能是用人单位可以查看向本单位投递了求职简历的求职者相关信息，以及本单位是否向该求职者发出了求贤提示，用人单位可以根据需要，是拒绝还是录用求职者。

1.3 数据库设计

本系统的数据库中包含 4 个数据表，分别是用人单位信息表（department）、个人用户信息表（user）、职位信息表（joblnfo）、工作基本信息表（job）。

1. 用人单位信息表（department）

该表主要用来记录保存需要招聘工作人员的单位的主要基本信息，其表结构如表2-1-1所示。

表 2 - 1 - 1　用人单位信息表(department)

字段名	数据类型	是否主键	描述
id	int	yes	系统内部编号
loginname	Varchar(10)	no	单位登录用户名
password	Varchar(10)	no	单位用户密码
conment	Varchar(255)	no	单位简介
phone	Varchar(20)	no	联系电话
tell	Varchar(20)	no	传真号码
email	Varchar(20)	no	单位邮箱
web	Varchar(100)	no	单位首页
contact	Varchar(10)	no	单位联系人
postcode	Varchar(10)	no	邮政编码
area	Varchar(20)	no	所在地区
address	Varchar(100)	no	单位地址
deptyp	Varchar(2)	no	单位性质
depname	Varchar(20)	no	单位名称

2. 个人用户信息表(user)

该表主要用来保存注册个人用户的基本信息,其表结构如表 2 - 1 - 2 所示。

表 2 - 1 - 2　个人用户信息表(user)

字段名	数据类型	是否主键	描述
id	int	yes	系统内部编号
username	Varchar(10)	no	用户真实姓名
loginname	Varchar(20)	no	登录名
sex	Varchar(2)	no	性别
age	Varchar(3)	no	年龄
major	Varchar(20)	no	所学专业
pota	Varchar(2)	no	政治面貌
address	Varchar(30)	no	户籍地址
marge	Varchar(2)	no	婚姻状况
school	Varchar(30)	no	学校名称
degree	Varchar(2)	no	最高学历
cet	Varchar(2)	no	英语等级
tell	Varchar(20)	no	联系方式
email	Varchar(20)	no	电子邮箱
password	Varchar(10)	no	登录密码

3. 求职信息表(jobInfo)
该表主要用来保存求职人员应聘的职位信息,其表结构如表2-1-3所示。

表2-1-3 职位信息表(jobInfo)

字段名	数据类型	是否主键	描述
id	int	yes	系统内编号
uid	int	no	用户编号
jid	int	no	职位编号
depid	int	no	部门编号
status	Varchar(2)	no	职位录用状态
typ	Varchar(2)	no	职位类型

4. 职位基本信息表(job)
该表主要是用来保存用人单位发布的职位信息,其表结构如表2-1-4所示。

表2-1-4 职位基本信息表(job)

字段名	数据类型	是否主键	描述
id	int	yes	系统内编号
depid	int	no	招聘的部门
jobname	Varchar(20)	no	职位的名称
wsex	Varchar(2)	no	性别要求
wsddress	Varchar(2)	no	地区要求
wmajor	Varchar(20)	no	专业要求
wcet	Varchar(2)	no	英语要求
wage	Varchar(10)	no	年龄限制
wdegree	Varchar(10)	no	学位限制
jobtime	Varchar(12)	no	发出招聘的时间

1.4 系统功能的设计与实现

1. 登录界面的设计
在登录界面中,用户选择相应类型,输入用户名和密码,单击"登录"按钮后验证用户的输入,正确则进入系统。对于初次登录系统的用户需要首先进行注册,才能登录进入系统。登录界面如图2-1-2所示。

图 2-1-2 登录界面

页面实现的主要代码如下：

```
<script src ="js/jquery1.4.2.js"type ="text/javascript"></script>
<script type ="text/javascript">
$ (function()
{
$ ("#login"). click(function()
{
  var loginname = $ ("#loginname").val();
var url;
var password = $ ("#password").val();
var usertype = $ (":radio[name ='usertype']:checked").val();
if(loginname = = null)
{
  alert("登录名为空")
  return;
}
if(password = = null)
{
  alert("登录密码为空")
  return;
}
var str = "loginname =" + loginname + "&password =" + password;
if(usertype = = 0)
{
  url ="userlogin. do?" + str;
  url1 ="userindex. do";
}
else
{
```

```
        url = "deplogin. do?" + str;
        url1 = "depindex. do";
    }
    $ . ajax(
    {
        type:"POST",
        url:url,
        dataType:"json",
        contentType:"application/json;charset = GBK",
        success:function(data)
        {
            if(data[0]. flag = = '0')
            {
                window. location. href = url1;
            }
            else
            {
                alert("用户名或密码错误!")
            }
        }
    error:function(data)
    {
        alert("登录失败!")
    }
    });
    });
    $ ("#register"). click(function()
    {
        var usertype = $ (":radio[name = 'usertype']:checked"). val();
        if(usertype = = 0)
        {
        window. location. href = "adduser. jsp";
        }
        else
        {
            window. location. href = "adddep. jsp"
        }
    }
    })
```

```
      </script>
    </head>
    <body>
      <input type = "hidden" name = "flag" id = "flag"/>
      <div class = "header">
        <div class = "header03"></div>
        <div class = "header01"></div>
        <div class = "header02">人才招聘系统</div>
      </div>
      <div class = "login">
        <div class = "login_main">
        <div class = "login_title"><span>人才招聘系统登录</span></div>
        <div class = "login_list"></div>
        <form name = "form" id = "form" action = "" method = "post">
        <table class = "login_table02">
      <tr>
        <td class = "td1">用户类型:</td>
        <td class = "td2"><input type = "radio" name = "usertype" value = "0"
checked>个人用户 <input type = "radio" name = "usertype" value = "1">用人单位</
td>
        <td class = "td3"></td>
      </tr>
      <tr>
        <td class = "td1">登录用户:</td>
        <td class = "td2"><input type = "text" name = "loginname" id = "login-
name" class = "input01"/> <font color = "red"> * </font></td>
        <td class = "td3"></td>
      </tr>
      <tr>
        <td class = "td1">用户密码:</td>
        <td class = "td2"><input type = "password" name = "password" id = "pass-
word" class = "input02"/> <font color = "red"> * </font></td>
          <td class = "td3"></td>
        </tr>
        <tr>
          <td colspan = "3"></td>
        </tr>
        <tr>
```

```
<td class = "td1"></td>
<td class = "td2">
    <input type = "button"class = "btn01" id = "login" value = "登 
 录"/>   
        <input type = "button"class = "btn01" id = "register"value = "注 
 册"/>
    </tr>
```

2. 注册界面的设计

在登录界面上通过点击"注册"按钮可以分别注册个人用户和用人单位。个人用户注册界面和用人单位注册界面分别如图2-1-3和图2-1-4所示。

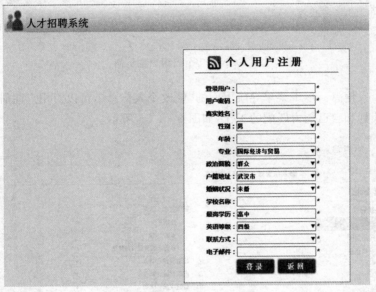

图2-1-3 个人用户注册界面

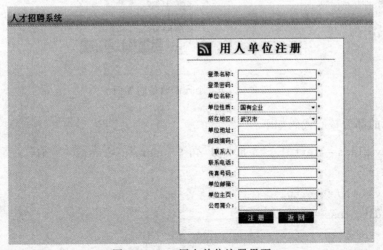

图2-1-4 用人单位注册界面

3. 个人用户登录界面

个人用户注册成功后,在系统登录界面输入用户名和密码,登录进入系统,可看到个人用户登录界面如图 2-1-5 所示。在该界面中,用户可进行修改个人注册信息、投递简历、查看录用信息等操作。

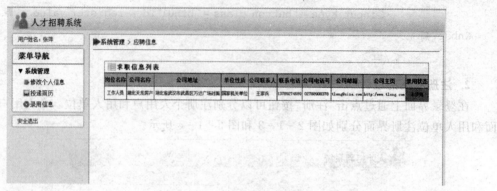

图 2-1-5　个人用户主页面

(1)修改个人信息。单击菜单导航下面的"修改个人信息",可以对用户注册的信息进行修改,方便用户找到和自己能力匹配的工作,如图 2-1-6 所示。

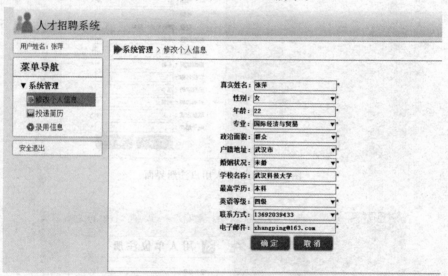

图 2-1-6　个人修改信息界面

页面实现的部分核心代码如下:

```
<div class = "left01_c">用户姓名:${user. username}</div>
</div>
<div class = "left02">
  <div class = "left02top">
    <div class = "left02top_right"></div>
    <div class = "left02top_left"></div>
```

```
<div class="left02top_c">菜单导航</div>
    </div>
    <div class="left02down">
        <div class="left02down01">
            <a class="show_menulist">
                <div id="Bf080" class="left02down01_img"></div>系统管理
            </a>
        </div>
        <div class="left02down01_down" id="menu_80">
            <ul>
            <li class="depamentselected"><a href="listuser.do">修改个人信息
</a></li>
            <li class="role"><a href="listjobinf.do">投递简历</a></li>
            <li class="menu"><a href="userindex.do">录用信息</a></li>
                </ul>
            </div>
        </div>
    </div>
    <div class="left01">
        <div class="left03_right"></div>
        <div class="left01_left"></div>
        <div class="left03_c" id="loginout">安全退出</div>
    </div>
    </div>
    <div class="rrcc" id="rightBox">
        <div class="rrcc_center" id="mobile" onclick="showmenu()"></div>
        <div class="rrcc_right" id="main_index">
            <div class="right01"><img src="images/04.gif"/> 系统管理 &gt;<
span>修改个人信息</span></div>
            <div class="right02"></div>
        <form name="form" id="form" action="upduser.do" method="post">
            <input name="id" type="hidden" id="id" value="${user.id}"/>
            <input name="loginname" type="hidden" id="loginname" value="
${user.loginname}"/>
                <input name="password" type="hidden" id="password" value="
${user.password}"/>
                <table class="upd_table02">
                  <tr>
                      <td class="td1">真实姓名:</td>
```

```
            <td class = "td2"><input type = "text" name = "username" id
= "username" value = " ${user. username}" class = "input01"/> <font color = "
red"> * </font></td>
            <td class = "td3"></td>
        </tr>
        <tr>
        <td class = "td1">性别:</td>
        <td class = "td2">
        <select name = "sex" class = "deplist" id = "sexlist">
            <option value = "1">男</option>
            <option value = "2">女</option>
        </select> <font color = "red"> * </font>
        </td>
        <td class = "td3"></td>
        </tr>
        <tr>
        <td class = "td1">年龄:</td>
        <td class = "td2"><input type = "text" name = "age" id = "age" value
= " ${user. age}" class = "input01"/> <font color = "red"> * </font></td>
        <td class = "td3"></td>
        </tr>
        <tr>
        <td class = "td1">专业:</td>
        <td class = "td2">
          <select name = "major" class = "deplist" id = "majorlist">
            <option value = "1">国际经济与贸易</option>
            <option value = "2">会计学</option>
            <option value = "3">汉语言文学</option>
            <option value = "4">财务管理</option>
            <option value = "5">市场营销</option>
            <option value = "6">信息与技术</option>
          </select> <font color = "red"> * </font>
        </td>
        <td class = "td3"></td>
        </tr>
        <tr>
        <td class = "td1">政治面貌:</td>
        <td class = "td2">
          <select name = "pota" class = "deplist" id = "potalist">
```

```
            <option value="1">群众</option>
            <option value="2">党员</option>
        </select> <font color="red">*</font>
    </td>
    <td class="td3"></td>
</tr>
<tr>
    <td class="td1">户籍地址：</td>
    <td class="td2"><input type="text"name="address"id="address"value="${user.address}"class="input01"/> <font color="red">*</font></td>
    <td class="td3"></td>
</tr>
<tr>
    <td class="td1">婚姻状况：</td>
    <td class="td2">
        <select name="marge"class="deplist"id="margelist">
        <option value="1">未婚</option>
        <option value="2">已婚</option>
        </select> <font color="red">*</font>
    </td>
    <td class="td3"></td>
</tr>
<tr>
    <td class="td1">学校名称：</td>
    <td class="td2"><input type="text"name="school"id="school"value="${user.school}"class="input01"/> <font color="red">*</font></td>
    <td class="td3"></td>
</tr>
<tr>
    <td class="td1">最高学历：</td>
    <td class="td2">
        <select name="degree"class="deplist"id="degreelist">
        <option value="1">高中</option>
        <option value="2">本科</option>
        <option value="3">硕士</option>
        <option value="4">博士</option>
        </select> <font color="red">*</font>
```

```
        </td>
        <td class = "td3"></td>
      </tr>
      <tr>
        <td class = "td1">英语等级：</td>
        <td class = "td2">
          <select name = "cet" class = "deplist" id = "cetlist">
            <option value = "1">四级</option>
            <option value = "2">六级</option>
            <option value = "3">无</option>
          </select> <font color = "red"> * </font>
        </td>
        <td class = "td3"></td>
      </tr>
      <tr>
        <td class = "td1">联系方式：</td>
        <td class = "td2"><input type = "text" name = "tell" id = "tell"
value = " ${user. tell}" class = "input01"/> <font color = "red"> * </font
></td>
        <td class = "td3"></td>
      </tr>
      <tr>
        <td class = "td1">电子邮件：</td>
        <td class = "td2"><input type = "text" name = "email" id = "
email" value = " ${user. email}" class = "input01"/> <font color = "red"> *
</font></td>
        <td class = "td3"></td>
      </tr>
      <tr>
        <td class = "td1"></td>
        <td class = "td2">
          <input type = "button" class = "btn01" id = "upduser" value = "确
  定"/>   
          <input type = "button" class = "btn01" id = "backbef" value = "取
  消"/>
        </td>
```

(2)投递简历。单击菜单导航下面的"投递简历"，用户可以根据自己的意愿向不同的单位投递自己的求职需求，在页面下面用户还可以看到各个单位发出的不同招聘信息，用户可以根据自己的条件进行选择,如图 2-1-7 所示。

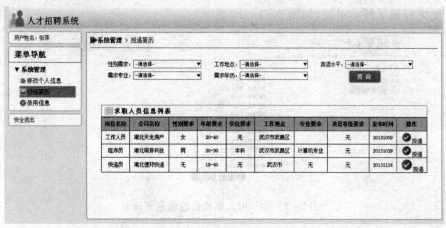

图 2-1-7　投递简历界面

(3)录用信息。单击菜单导航下面的"录用信息",用户可以查询自己是否被录用,如图 2-1-8所示。点击"安全退出",将会进入人才招聘系统的首页登录界面。

图 2-1-8　录用信息页面

4. 用人单位登录页面

用人单位在登录界面中输入用户名和密码,可以登录进入系统,用人单位登录界面如图 2-1-9所示。在页面中包括修改单位信息、招聘岗位、招聘员工、应聘信息等功能模块。

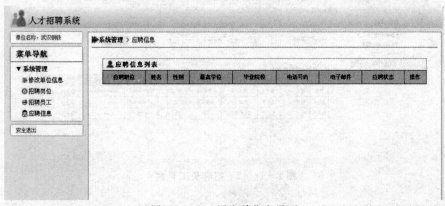

图 2-1-9　用人单位主界面

(1)修改单位信息。单击菜单导航下面的"修改单位信息",可以修改本单位的基本信息,让应聘者能更好地了解本单位,如图2-1-10所示。

图2-1-10 用人单位修改信息页面

(2)招聘岗位。单击菜单导航下面的"招聘岗位",在页面中可以录入本单位需要招聘的人才岗位信息,方便求职者清楚地看到本单位所要招录的岗位,以及招聘的具体条件和要求,如图2-1-11所示。

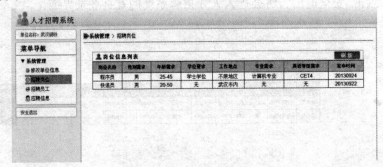

图2-1-11 招聘岗位页面

(3)招聘员工。单击菜单导航下面的"招聘员工",在页面中用人单位可以清楚地看到求职人员以及他们的基本信息,如果他们是本单位需要的人才,用人单位就可以向该求职人员发出"求贤"提示,如图2-1-12所示。

图2-1-12 招聘员工页面

页面实现的部分代码如下:

```
<div class="rrcc_right" id="main_index">
<div class="right01"><img src="images/04.gif"/> 系统管理 &gt;<span
>招聘员工</span></div>
<div class="right02"></div>
<form name="form" id="form" action="briuser.do" method="post">
<table class="table03">
  <tr>
    <td class="td1">性别：</td>
    <td class="td2">
      <select name="sex" class="deplist">
        <option value="">---请选择---</option>
        <option value="1">男</option>
        <option value="2">女</option>
      </select>
    </td>
    <td class="td1">年龄：</td>
    <td class="td2">
      <input type="text" name="age" id="age" class="input01"/>
    </td>
    <td class="td1">户口所在地：</td>
    <td class="td2">
      <select name="address" class="deplist">
        <option value="">---请选择---</option>
        <option value="1">武汉市</option>
        <option value="2">黄石市</option>
        <option value="3">宜昌市</option>
        <option value="4">荆门市</option>
        <option value="5">荆州市</option>
        <option value="6">仙桃市</option>
        <option value="7">不限制地方</option>
      </select> <font color="red">*</font>
    </td>
  </tr>
  <tr>
    <td class="td1">专业：</td>
    <td class="td2">
      <select name="major" class="deplist">
        <option value="">---请选择---</option>
        <option value="1">国际经济与贸易</option>
```

```
            <option value = "2">会计学</option>
            <option value = "3">汉语言文学</option>
            <option value = "4">财务管理</option>
            <option value = "5">市场营销</option>
            <option value = "6">信息与技术</option>
            <option value = "7">不限制专业</option>
          </select> <font color = "red"> * </font>
        </td>
      <td class = "td1">学历:</td>
      <td class = "td2">
        <select name = "degree"class = "deplist">
        <option value = "">－－－请选择－－－</option>
        <option value = "1">高中</option>
        <option value = "2">本科</option>
        <option value = "3">硕士</option>
        <option value = "4">博士</option>
        <option value = "5">不限制学历</option>
      </select>
      </td>
      <td colspan = "2"class = "td7"><input type = "button"class = "btn01"id
= "userlist"value = "查  询"/></td>
      </tr>
   </table>
   </form>
   <div class = "right03"></div>
   <table class = "table01">
   <thead>
     <tr class = "table_head01">
       <th colspan = "10"class = "head"><span>求职人员信息列表</span>
</th>
     </tr>
   </thead>
   <tr class = "table_head">
     <td>姓名</td>
     <td>性别</td>
     <td>年龄</td>
     <td>最高学历</td>
     <td>毕业院校</td>
     <td>所学专业</td>
```

```
        <td>户口所在地</td>
        <td>电话号码</td>
        <td>电子邮件</td>
        <td>操作</td>
    </tr>
    <c:forEach items='${userlist}' var='list' varStatus="status">
    <tr <c:if test="${status.index%2==1}">class="table01_row"
</c:if>>
        <td>${list.username}</td>
        <td>
          <c:choose>
          <c:when test="${list.sex=='1'}">男</c:when>
          <c:otherwise>女</c:otherwise>
          </c:choose>
        </td>
        <td>${list.age}</td>
        <td>
          <c:choose>
          <c:when test="${list.degree=='1'}">高中学历</c:when>
          <c:when test="${list.degree=='2'}">本科学历</c:when>
          <c:when test="${list.degree=='3'}">硕士学历</c:when>
          <c:when test="${list.degree=='4'}">博士学历</c:when>
          <c:when test="${list.degree=='5'}">不限制学历</c:when>
          </c:choose>
        </td>
        <td>${list.school}</td>
        <td>
          <c:choose>
<c:when test="${list.major=='1'}">国际经济与贸易</c:when>
<c:when test="${list.major=='2'}">会计学</c:when>
<c:when test="${list.major=='3'}">汉语言文学</c:when>
  <c:when test="${list.major=='4'}">财务管理</c:when>
    <c:when test="${list.major=='5'}">市场营销</c:when>
      <c:when test="${list.major=='6'}">信息与技术</c:when>
        <c:when test="${list.major=='7'}">不限制专业</c:
when>
          </c:choose>
        </td>
        <td>
```

```
<c:choose>
<c:when test="${list.address=='1'}">武汉市</c:when>
<c:when test="${list.address=='2'}">黄石市</c:when>
<c:when test="${list.address=='3'}">宜昌市</c:when>
<c:when test="${list.address=='4'}">荆门市</c:when>
<c:when test="${list.address=='5'}">荆州市</c:when>
<c:when test="${list.address=='6'}">仙桃</c:when>
<c:when test="${list.address=='7'}">不限制地区</c:when>
</c:choose>
</td>
<td>${list.tell}</td>
<td>${list.email}</td>
<td class="tojob"><a href="javascript:tojob('${list.id}');">求贤</a></td>
```

（4）应聘信息。单击菜单导航下面的"应聘信息"，用人单位可以清楚地看到有哪些求职者向本单位投递了求职简历，以及本单位是否向该求职者发出了求贤提示，用人单位可以根据自己的需要，是拒绝还是录用求职者，如图 2-1-13 所示。

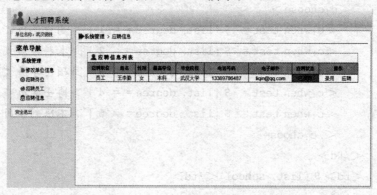

图 2-1-13 应聘信息页面

设计 2

航空订票系统

本案例是基于 Web 服务器,采用 MVC 设计模式,利用 Java 和 JSP 开发的一个航空订票系统模拟软件。该系统结合现有航空订票的基本流程,初步实现了航班信息查询,机票预定、退订,客机信息、航线信息的查询、增加、修改与删除等基本功能。该系统在功能方面还有所欠缺,有兴趣的读者可以在此基础上进行深度开发,进一步完善系统功能。

2.1 需求分析

航空订票系统是通过现代化的信息技术和管理技术的紧密结合,对整个航空公司的订票业务进行有效的管理,达到订票服务的现代化,同时带动航空公司的其他各项服务,从而提高公司的经营效率和服务质量,实现服务的现代化,方便旅客的外出远行。

航空订票系统应该实现以下几个方面的目标:

(1)对客机信息、航线信息的添加、查询、修改、删除等操作;

(2)对用户信息、用户权限的管理,包括用户资料修改、登陆密码修改等;

(3)对旅客订票信息、退票信息的查询、修改等操作。

2.2 系统功能模块设计

航空订票系统主要包括前台客户端和后台管理端两大部分,前台客户端主要是由用户完成的操作,后台管理端主要是由系统管理员完成的操作。

1. 前台客户端

前台客户端主要分四个模块,即订票管理、退票管理、个人信息管理和留言信息管理,其功能模块图如图 2-2-1 所示。

(1)订票管理。该模块的主要任务是用户根据需求,输入起抵城市及出发日期,查询满足条件的所有航班信息,然后选择合适的航班完成订票,并自动生成可打印的订票清单。

(2)退票管理。该模块的主要任务是用户根据订单编号完成退票功能,并自动生成退票清单。

(3)个人信息管理。该模块的主要任务是方便用户及时更新个人基本信息,修改系统登录密码。

(4)留言信息管理。该模块的主要任务是用户可以通过系统留言,方便航空公司及时了解用户的意见及建议,从而更好地调度管理航班信息及其他信息。

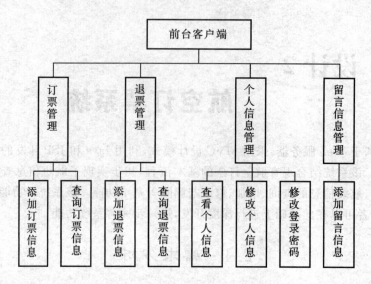

图 2-2-1　前台客户端功能模块图

2. 后台管理端

后台管理端主要分四个模块，即航班管理、用户管理、票务管理和留言管理，其功能模块图如图 2-2-2 所示。

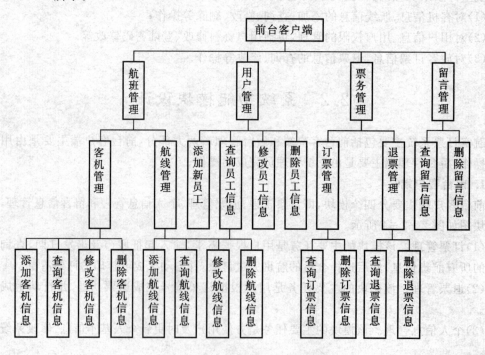

图 2-2-2　后台管理端功能模块图

（1）航班管理。该模块的主要任务是完成对客机信息、航线信息的增、删、查、改操作。

（2）用户管理。该模块的主要任务是完成对员工信息的增、删、查、改操作。

（3）票务管理。该模块的主要任务是完成对订票信息、退票信息的查、删操作。

（4）留言管理。该模块的主要任务是系统管理员查询留言信息，以便及时了解或解决用户提出的建议和问题。

2.3 系统流程图设计

启动 Web 服务器进入系统登录页面，选择普通用户登陆和管理员登陆，普通用户登陆进入前台客户端，管理员登陆进入后台管理端。

1. 前台客户端流程图

普通用户登陆成功后进入前台客户端，完成航班查询、订票、退票、个人信息修改、密码修改、系统留言等操作，其程序运行流程图如图 2－2－3 所示。

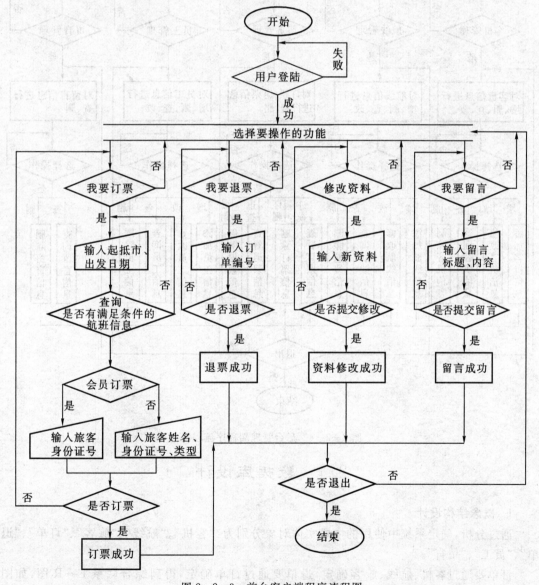

图 2－2－3　前台客户端程序流程图

2. 后台管理端流程图

管理员登陆成功后进入后台管理端,完成客机信息、航线信息的增、删、查、改操作,同时可以统计查看订票信息及退票信息,其程序流程图如图2-2-4所示。

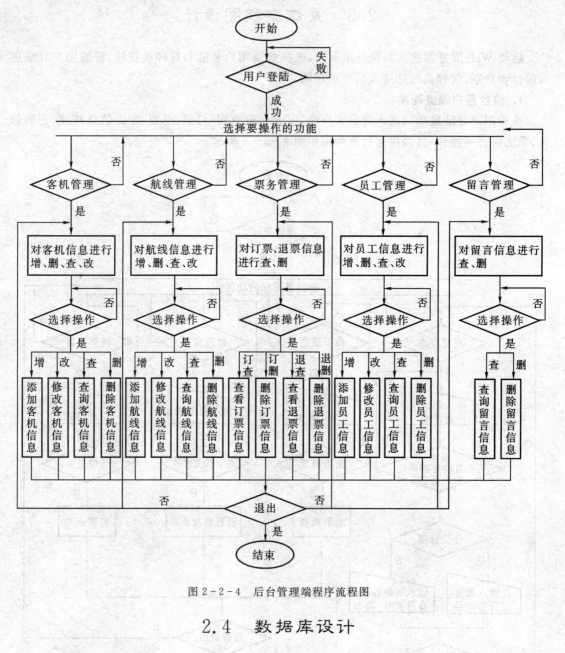

图 2-2-4 后台管理端程序流程图

2.4 数据库设计

1. 概念结构设计

通过分析,确定系统中使用的主要实体对象分别为:"客机"、"航线"、"旅客"、"订单"、"退单"、"员工"、"留言"。

订单要通过客机、航线、旅客确定,退单要通过订单确定,得到综合联系 E-R 图,如图2-2-5所示。

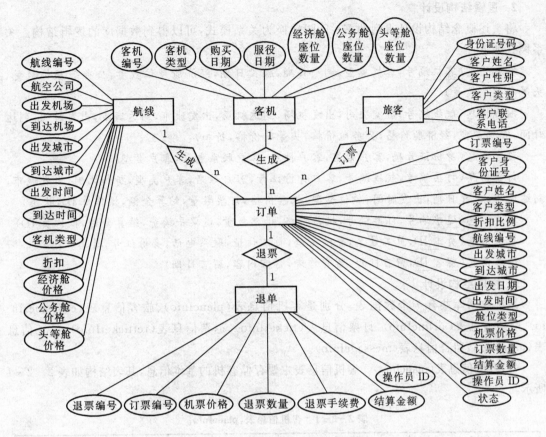

图 2-2-5 综合联系 E-R 图

根据员工、留言实体,得到员工—留言关系 E-R 图,如图 2-2-6 所示。

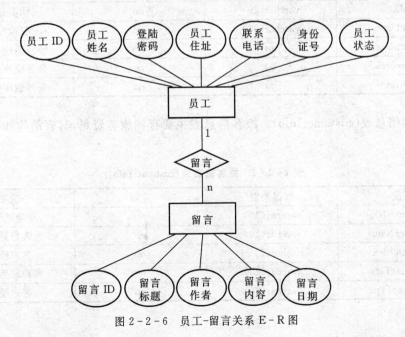

图 2-2-6 员工-留言关系 E-R 图

2. 逻辑结构设计

将上述概念结构设计得到的 E-R 图转换为关系模式,可以得到数据库的逻辑结构。关系模式如下:

客机信息(<u>客机编号</u>,客机类型,购买日期,服役日期,经济舱座位数量,公务舱座位数量,头等舱座位数量)

航线信息(<u>航线编号</u>,航空公司,出发机场,到达机场,出发城市,到达城市,出发时间,到达时间,客机类型,经济舱价格,公务舱价格,头等舱价格,折扣)

旅客信息(<u>身份证号码</u>,客户姓名,客户性别,客户联系电话,客户类型)

订票信息(<u>订票编号</u>,航线编号,客户身份证号,客户姓名,客户类型,折扣比例,出发城市,到达城市,出发日期,出发时间,舱位类型,机票价格,订票数量,结算金额,操作员 ID,状态)

退票信息(<u>退票编号</u>,订票编号,机票价格,退票数量,退票手续费,结算金额,操作员 ID)

员工信息(<u>员工 ID</u>,员工姓名,登陆密码,员工住址,联系电话,身份证号,员工状态)

留言信息(<u>留言 ID</u>,留言标题,留言作者,留言内容,留言日期)

3. 物理结构设计

系统数据库共有 7 个数据表,分别是客机信息表(planeInfo)、旅客信息表(customerInfo)、航线信息表(airlineInfo)、订票信息表(ticketInfo)、退票信息表(retticketInfo)、员工信息表(userInfo)、留言信息表(messageInfo)。

(1)客机信息表(planeInfo)。客机信息表主要存储客机的基本信息,其表结构如表 2-2-1 所示。

表 2-2-1 客机信息表(planeInfo)

字段	数据类型	主键	说明
planeNO	varchar(20)	yes	客机编号
planeType	varchar(20)	no	客机类型
buyDate	varchar(20)	no	购买日期
serveDate	varchar(20)	no	服役日期
isCommon	int	no	经济舱座位数量
isCommercial	int	no	公务舱座位数量
isFirst	int	no	头等舱座位数量

(2)旅客信息表(customerInfo)。旅客信息表主要存储旅客资料,其表结构如表 2-2-2 所示。

表 2-2-2 旅客信息表(customerInfo)

字段	数据类型	主键	说明
customerID	varchar(30)	yes	身份证号码
customerName	varchar(20)	no	客户姓名
customerSex	char(2)	no	客户性别
customerTele	varchar(20)	no	客户联系电话
customerType	varchar(20)	no	客户类型

(3)航线信息表(airlineInfo)。航线信息表主要存储航线基本信息,其表结构如表 2-2-3 所示。

表 2-2-3 航线信息表(airlineInfo)

字段	数据类型	主键	说明
airlineNO	varchar(20)	yes	航线编号
airways	varchar(20)	no	航空公司
departAirDr	varchar(20)	no	出发机场
arrivalAirDr	varchar(20)	no	到达机场
departCity	varchar(20)	no	出发城市
arrivalCity	varchar(20)	no	到达城市
departTime	varchar(20)	no	出发时间
arrivalTime	varchar(20)	no	到达时间
planeType	varchar(20)	no	客机类型
commonPrice	numeric(10,2)	no	经济舱价格
commercialPrice	numeric(10,2)	no	公务舱价格
firstPrice	numeric(10,2)	no	头等舱价格
discount	numeric(5,3)	no	折扣

(4)订票信息表(ticketInfo)。订票信息表主要储存旅客订票信息,其表结构如表 2-2-4 所示。

表 2-2-4 订票信息表(ticketInfo)

字段	数据类型	主键	说明
ticketNO	varchar(50)	yes	订票编号
airlineNO	varchar(20)	no	航线编号
customerID	varchar(30)	no	客户身份证号
customerName	varchar(20)	no	客户姓名
customerType	varchar(20)	no	客户类型
discount	numeric(5,3)	no	折扣比例
departCity	varchar(20)	no	出发城市
arrivalCity	varchar(20)	no	到达城市
departDate	varchar(20)	no	出发日期
departTime	varchar(20)	no	出发时间
serviceType	varchar(20)	no	舱位类型
ticketPrice	numeric(10,2)	no	机票价格
ticketSum	int	no	订票数量
ticketAllPrice	numeric(10,2)	no	结算金额
userID	varchar(20)	no	操作员 ID
status	int	no	状态

(5)退票信息表(retticketInfo)。退票信息表主要存储旅客退票信息,其表结构如表 2-2-5所示。

表 2－2－5　退票信息表(retTicketInfo)

字段	数据类型	主键	说明
retTicketNO	varchar(50)	yes	退票编号
ticketNO	varchar(50)	no	订票编号
ticketPrice	numeric(10,2)	no	机票价格
retTicketSum	int	no	退票数量
retTicketCharge	numeric(10,2)	no	退票手续费
retTicketAllPrice	numeric(10,2)	no	结算金额
userID	varchar(20)	no	操作员 ID

(6)员工信息表(userInfo)。员工信息表主要储存员工信息,其表结构如表 2－2－6 所示。

表 2－2－6　员工信息表(userInfo)

字段	数据类型	主键	说明
userID	varchar(20)	yes	员工 ID
userName	varchar(20)	no	员工姓名
passWord	varchar(20)	no	登陆密码
userAddr	varchar(100)	no	员工住址
userTel	varchar(20)	no	联系电话
userIDCardNum	varchar(30)	no	身份证号
status	int	no	员工状态

(7)留言信息表(messageInfo)。留言信息表主要存储员工留言信息,其表结构如表 2－2－7所示。

表 2－2－7　留言信息表(messageInfo)

字段	数据类型	主键	说明
messageID	int	yes	留言 ID
messageTitle	varchar(20)	no	留言标题
userName	varchar(20)	no	留言作者
messageContent	text	no	留言内容
messageDate	varchar(20)	no	留言日期

2.5　系统功能的设计与实现

1. 数据库连接

由于本系统的大部分操作都是与数据库进行数据交互,为了简化各模块对数据库的操作,提高代码的复用性,本系统使用 JDBC 技术连接数据库,并将数据库连接操作封装成一个类,该类中主要有两个方法,即数据库连接方法和数据库关闭方法。

(1)数据库连接方法。数据库连接方法主要完成数据库连接,关键代码如下:

```
//声明数据库连接对象
private Connection conn = null;
//设置数据库驱动程序
private String DBDRIVER = "com. mysql. jdbc. Driver";
//设置数据库连接地址
private String DBURL = "jdbc:mysql://localhost:3306/Flight";
//设置数据库用户名
private String DBUSER = "root";
//设置数据库连接密码
private String DBPASSWORD = "123";
//加载数据库驱动程序,连接数据库
Class.forName(DBDRIVER);
this.conn = DriverManager.getConnection(DBURL,DBUSER,DBPASSWORD);
```

(2)数据库关闭方法。数据库关闭方法主要完成关闭数据库连接,释放系统资源,主要代码如下:

```
this.conn.close();
```

2. 用户登陆模块

本系统根据功能需求设置了两种用户权限,即普通用户、系统管理员。在登录界面中输入用户名和密码,并选择用户类型,单击"登录"按钮即可进入系统,登陆界面如图 2-2-7 所示。

图 2-2-7 系统登录界面

实现用户登陆的关键代码如下:

```
//接受登陆请求参数内容:用户名、登陆密码、用户权限
```

```
String user_name = request.getParameter("user_name");
    String user_password = request.getParameter("user_password");
    String radio = request.getParameter("user").trim();
```
//对系统管理员登陆进行数据库验证

if(DAOFactory.getUserLoginInstance(). isLogin(uv)&& status = = 1){}

//对普通用户登陆进行数据库验证

if(DAOFactory.getUserLoginInstance(). isLogin(uv)&& status = = 0){}

//操作后台数据库 Sql 语句

sql ="select userName from userInfo where userId = ? and passWord = ? and status = ?";

3. 前台客户端设计

(1)客户端主界面。普通用户登陆成功后,进入客户端主界面,如图 2-2-8 所示。

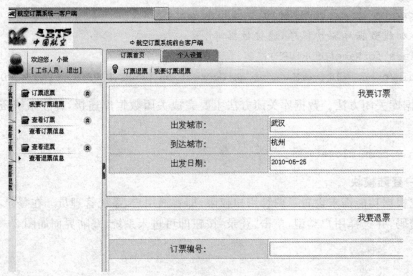

图 2-2-8 客户端主界面

(2)订票操作模块。订票模块主要实现旅客订票操作,通过输入出发城市、到达城市、出发日期查询航班信息,选择合适航班进行订票操作,出发日期是用 JavaScript 编写的一个日历控件输入,单击出发日期后的 Text 自动弹出日历控件,日历控件运行效果如图 2-2-9 所示。

图 2-2-9 日历控件效果图

触发弹出日历控件的代码如下：

//通过 onfocus 触发日历控件的 calendar()函数

＜input type = "text"name = "departDate"id = "departDate"class = "input-border" onfocus = "calendar()"＞

输入相应查询信息后，得到的查询结果如图 2－2－10 所示。

航班信息	起抵时间	起抵机场	机型	折扣/价格/剩余票数 头等/公务/经济舱			订票
ABTSCA1334 中国国际航空公司	19:55 22:00	天河国际机场 首都机场	747	(8.0折) ¥1120.0 50	¥680.0 100	¥400.0 200	会员订票 非会员订票
ABTSCA1476 中国国际航空公司	12:10 14:00	天河国际机场 首都机场	747	(7.0折) ¥910.0 50	¥595.0 100	¥350.0 200	会员订票 非会员订票
ABTSCZ3137 中国南方航空公司	14:10 15:50	天河国际机场 首都机场	738	(7.0折) ¥910.0 20	¥560.0 60	¥315.0 100	会员订票 非会员订票
ABTSCZ6365 中国南方航空公司	08:10 09:50	天河国际机场 首都机场	738	(7.0折) ¥910.0 20	¥560.0 60	¥315.0 100	会员订票 非会员订票
ABTSMU2451 中国东方航空公司	10:10 11:50	天河国际机场 首都机场	738	(6.0折) ¥840.0 20	¥510.0 60	¥300.0 100	会员订票 非会员订票
ABTSMU2453 中国东方航空公司	17:10 18:50	天河国际机场 首都机场	738	(7.0折) ¥910.0 20	¥595.0 60	¥350.0 100	会员订票 非会员订票

图 2－2－10　航班查询结果图

实现航班查询的关键代码如下：

①Controller 层主要代码：

```
//接受请求参数内容：出发城市、到达城市、出发日期
String departCity = request.getParameter("departCity").trim();
String arrivalCity = request.getParameter("arrivalCity").trim();
String departDate = request.getParameter("departDate").trim();
//以出发城市、到达城市为关键字搜索航线信息表中航线信息，返回 List 数组
List alllike = DAOFactory.getTicketInfoDAOInstance(). queryAirlineInfo(departCity,arrivalCity);
//用 Iterator 对象输出 List 数组，并通过 AirLineInfo 类设置航线信息
Iterator iter = alllike.iterator();//实例化 Iterator 对象
while(iter.hasNext())
{
    AirLineInfo ali =(AirLineInfo)iter. next();
    String airlineNO = ali.getAirlineNO();//航线编号
    ……
    float commonPrice = ali.getCommonPrice();//经济舱价格
    float commercialPrice = ali.getCommercialPrice();//公务舱价格
    float firstPrice = ali.getFirstPrice();//头等舱价格
    float discount = ali.getDiscount();//折扣比例
    String planeType = ali.getPlaneType();//客机类型
}
//以客机类型为关键字查询该类客机总座位数，返回 List 数组
Listallseat = DAOFactory.getTicketInfoDAOInstance().getAllSeat(planeType);
```

```
//以航线信息、出发日期查询已订机票数,返回 List 数组
Listsellseat = DAOFactory.getTicketInfoDAOInstance().getSellSeat(airline-
NO,departDate);
//根据总座位数及已订票数计算某次航班剩余票数
int firstSeat = allisFirst - sellisFirst;// 头等舱剩余票数
int commercialSeat = allisCommercial - sellisCommercial;// 公务舱剩余票数
int commonSeat = allisCommon - sellisCommon;// 经济舱剩余票数
//根据舱位价格票及折扣比例计算折扣机票价格,并取机票价格整数部分
float commonPri = commonPrice * discount;//经济舱价格,返回浮点型
float commercialPri = commercialPrice * discount;//公务舱价格,返回浮点型
float firstPri = firstPrice * discount;//头等舱价格,返回浮点型
BigDecimal bd1 = new BigDecimal(commonPri);
BigDecimal bd2 = new BigDecimal(commercialPri);
BigDecimal bd3 = new BigDecimal(firstPri);
commonPri = bd1.setScale(0,BigDecimal.ROUND_HALF_UP).floatValue();
commercialPri = bd2.setScale(0,BigDecimal.ROUND_HALF_UP).floatValue();
firstPri = bd3.setScale(0,BigDecimal.ROUND_HALF_UP).floatValue();
```

②Model 层主要代码(以查询航线信息为例,查询客机总座位数及已卖票数代码与此类似):

```
//声明数据库连接对象、数据库操作对象、数据库结果集操作对象
private DataBaseConnection dbc = new DataBaseConnection();
private PreparedStatement pstm = null;
private ResultSet rs = null;
//写查询航线信息 sql 语句
String sql = "select airlineNO, airways, departAirDr, arrivalAirDr, depart-
Time, arrivalTime, planeType, commonPrice, commercialPrice, firstPrice, discount
from AirLineInfo where departCity = ? and arrivalCity = ?";
//实例化数据库操作对象,并设置查询条件
pstm = dbc.getConnection().prepareStatement(sql);
pstm.setString(1,departCity);
pstm.setString(2,arrivalCity);
//通过数据库操作对象 executeQuery()将查询结果返回数据库结果集对象
rs = pstm.executeQuery();
//关闭数据库结果集对象、操作对象、连接对象
rs.close();
pstm.close();
dbc.close();
```

用户在查询到所有航班信息后,选择合适航班完成订票,其中订票分为会员订票、非会员订票。会员订票表示后台数据库有该用户信息,用户只需输入身份证号等即可完成订票;非会员订票表示后台数据库没有该用户信息,用户必须详细输入信息才能完成订票。

若用户是会员，点击会员订票链接进行会员订票，其界面如图 2－2－11 所示。

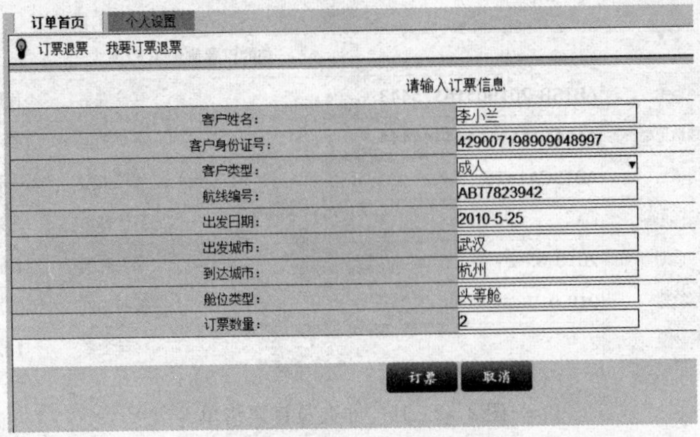
订单首页
个人设置
订票退票 我要订票退票
请输入订票信息
客户姓名：
李小兰
客户身份证号：
429007198909048997
客户类型：
成人
航线编号：
ABT7823942
出发日期：
2010-5-25
出发城市：
武汉
到达城市：
杭州
舱位类型：
头等舱
订票数量：
2
订票
取消

图 2－2－11 会员订票界面

输入用户身份证号、舱位类型、订票数量，点击订票即可完成订票，并生成订票清单，如图 2－2－12 所示。

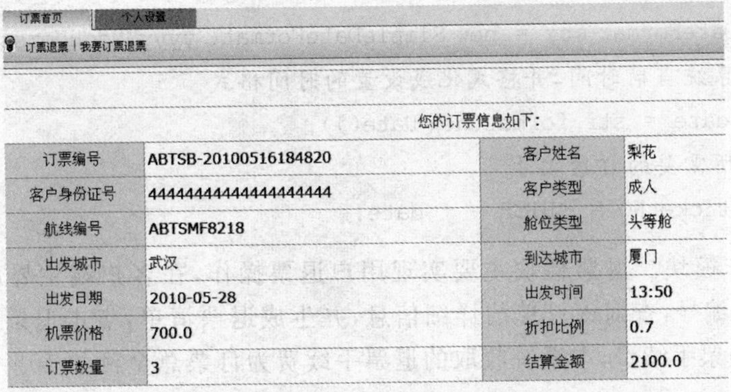
订票首页
个人设置
订票退票 | 我要订票退票
您的订票信息如下：
订票编号
ABTSB-20100516184820
客户姓名
梨花
客户身份证号
444444444444444444
客户类型
成人
航线编号
ABTSMF8218
舱位类型
头等舱
出发城市
武汉
到达城市
厦门
出发日期
2010-05-28
出发时间
13:50
机票价格
700.0
折扣比例
0.7
订票数量
3
结算金额
2100.0

图 2－2－12 会员订票清单

若用户为非会员，点击非会员订票链接进行非会员订票，其界面如图 2－2－13 所示。

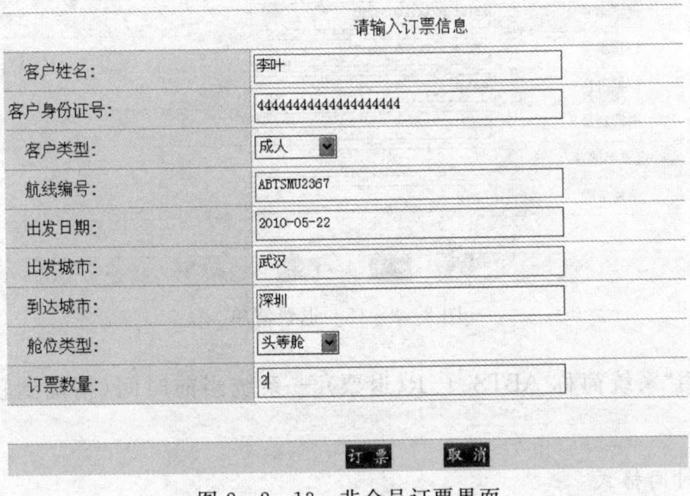
请输入订票信息
客户姓名：
李叶
客户身份证号：
444444444444444444
客户类型：
成人
航线编号：
ABTSMU2367
出发日期：
2010-05-22
出发城市：
武汉
到达城市：
深圳
舱位类型：
头等舱
订票数量：
2
订票
取消

图 2－2－13 非会员订票界面

输入相关信息,生成订票清单如图 2-2-14 所示。

您的订票信息如下:

订票编号	ABTSB-20100516175443	客户姓名	黄凡
客户身份证号	44444444444444444444	客户类型	成人
航线编号	ABTSCA1476	舱位类型	头等舱
出发城市	武汉	到达城市	北京
出发日期	2010-05-25	出发时间	12:10
机票价格	910.0	折扣比例	0.7
订票数量	2	结算金额	1820.0

图 2-2-14　非会员订票清单

订票编号是由"系统简称 ABTS + B(订票)+ 系统当前时间(精确到秒)"生成,其代码如下:

```
//设置时间格式
SimpleDateFormat str = new SimpleDateFormat("yyyyMMddHHmmss");
//获取系统当前时间,并格式化成设置的时间格式
String date = str.format(new Date());
//生成所需要的订票编号
String ticketNO = "ABTSB-"+ date;
```

(3)退票操作模块。退票模块主要实现用户退票操作,在客户端主界面的"我要订票" Text 框输入订票编号,查询该订单的详细信息,并生成退票清单,点击退票按钮完成退票操作,并适当收取退票手续费,本系统收取的退票手续费为订票总金额的 10%。退票清单如图 2-2-15 所示。

您的退票信息如下:

退票编号	ABTSR-20090609184210
订票编号	ABTSB-20090609180917
机票价格	400.0
退票数量	2
退票手续费	80.0
结算金额	720.0

退票　取消

图 2-2-15　退票清单

退票编号是由"系统简称 ABTS + R(退票)+ 系统当前时间(精确到秒)"生成,其代码如下:

```
//设置时间格式
```

```
SimpleDateFormat str = new SimpleDateFormat("yyyyMMddHHmmss");
//获取系统当前时间,并格式化成设置的时间格式
String date = str.format(new Date());
//生成所需要的退票编号
String retTicketNO = "ABTSR-" + date;
```

(4)个人信息管理模块。个人信息修改主要实现用户基本信息修改及登陆密码修改。用户成功登陆后点击客户端主页面导航栏"个人设置",进入个人设置操作界面。

①个人基本信息修改。个人信息修改功能用 JavaScript 脚本编程实现,通过按钮触发事件,设置 Text 属性由"只读"改为"可改",其主要代码如下:

```
<script language = "javascript">
    function swicthReadOnly(userName, userIDCardNum, userAddr, userTel, lab1,
lab2,lab3,lab4,sub,ret)
    {
        //获取 Text 焦点
        var element1 = document.getElementById(userName);
        var element2 = document.getElementById(userIDCardNum);
        var element3 = document.getElementById(userAddr);
        var element4 = document.getElementById(userTel);
        if(element1.readOnly&&element2.readOnly&&element3.readOnly&&element4.
readOnly)
        {
            //设置 Text 的只读属性,由只读到可改
        element1.readOnly = false;
            element2.readOnly = false;
            element3.readOnly = false;
            element4.readOnly = false;
            //设置 label 值为"* 可修改"
            lab1.innerText = "* 可修改";      lab2.innerText = "* 可修改";
            lab3.innerText = "* 可修改";      lab4.innerText = "* 可修改";
            fun(sub,"");                       fun(ret,"");
        }
        else {
            //设置 Text 的只读属性,由可改到只读
        element1.readOnly = true;element2.readOnly = true;
            element3.readOnly = true;element4.readOnly = true;
            //设置 label 值为"*"
            lab1.innerText = "*";          lab2.innerText = "*";
            lab3.innerText = "*";          lab4.innerText = "*";
```

```
                fun(sub,´none´);                    fun(ret,´none´);
            }
    }
    //显示提交按钮函数
    function fun(obj,sta)
    {
            eval("obj. style. display = \"" + sta + "\"");
    }
</script>
```

②更改登录密码。进入修改密码界面后,只有两次输入密码相同才能提交。要判断两次密码是否相同,可通过 JavaScript 脚本语言编程实现,其主要代码如下:

```
<script language = "javascript">
function checkpasswordform()
{
    with(document. all)
    {
        if(pass1.value!  = pass2.value)
        { //判断两次输入密码是否相等
            alert("两次密码输入不一致,请重新输入!");
            pass1.value = "";
            pass2.value = "";
            return false;
        }
        else
        {
            alert("您确定提交修改!");
                return true;
        }
    }
}
</script>
```

(4)留言信息管理模块。留言信息管理模块主要是为了让用户能够更好地与航空公司进行信息沟通与反馈而设计的。用户成功登陆后,点击客户端主页面导航栏"个人设置",进入个人设置界面,点击"我要留言"进入留言页面,界面效果图如图 2 - 2 - 16 所示。

当留言标题或留言内容为空时,不能提交留言,这里用 JavaScript 脚本语言编程实现留言标题或留言内容是否为空的判断,通过 onclick 时间触发该判断函数,其主要代码如下:

```
<script language = "javascript">
function checkleavamessform()
```

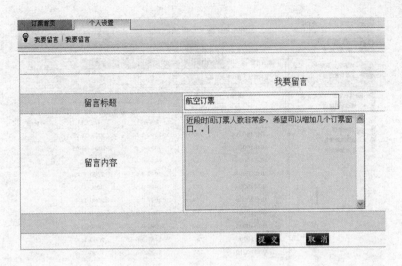

图 2 - 2 - 16　留言界面

```
    {
        if(document. leavamessform. messageTitle. value = = "")
        {
          alert("留言标题不能为空!");
          document. leavamessform. messageTitle. focus();
          return false;
        }
        if(document. leavamessform. messageContent. value = = "")
        {
          alert("留言内容不能为空!");
          document. leavamessform. messageContent. focus();
          return false;
        }
    }
</script>
```

4. 后台管理端设计

(1)管理端主界面。系统管理员登陆成功后进入管理端主界面,其界面设计效果图如图 2 - 2 - 17所示。

(2)航班管理模块。航班管理模块主要实现客机信息及航线信息的增、删、查、改,点击主界面导航栏的"航班管理"进入客机管理及航线管理页面(航线管理设计与客机管理设计方法类似,在此不再单独介绍)。

点击"客机管理"下的"查询客机信息"进入客机信息查询页面,默认查询条件为查询全部客机信息,其运行界面如图 2 - 2 - 18 所示。

在客机信息查询时,设计了三种查询方式,即查询全部(默认)、按客机编号查询、模糊查询(客机编号、客机类型、购买日期、服役日期)。设计三种查询方式是为了方便管理员更好地管

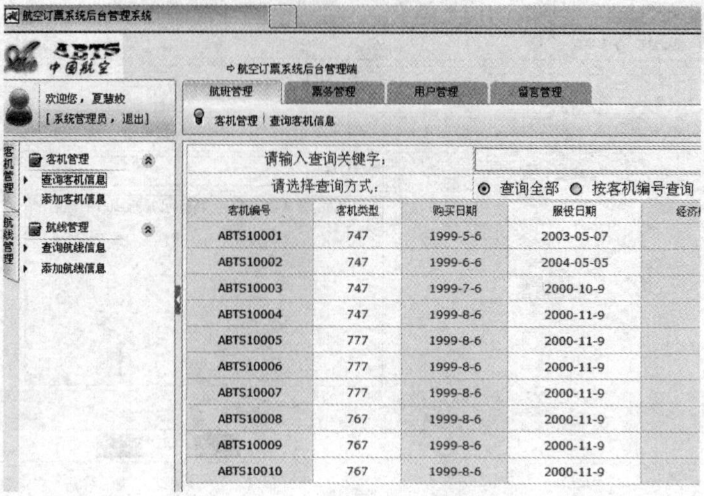

图 2-2-17　系统后台管理端主界面

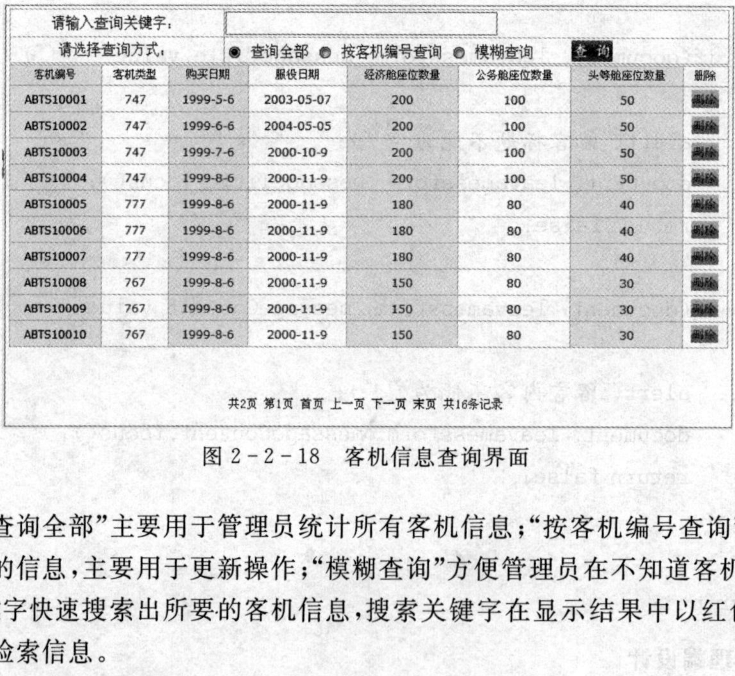

共2页 第1页 首页 上一页 下一页 末页 共16条记录

图 2-2-18　客机信息查询界面

理客机信息,"查询全部"主要用于管理员统计所有客机信息;"按客机编号查询"方便管理员查询某一架客机的信息,主要用于更新操作;"模糊查询"方便管理员在不知道客机具体信息的情况下,通过关键字快速搜索出所要的客机信息,搜索关键字在显示结果中以红色显示出来,方便管理员迅速检索信息。

为了提高查询速度,更好地控制前台页面的显示,系统采用分页技术查询客机信息。以分页查询全部客机信息为例,其主要代码如下:

```
//声明一个 StringBuffer 对象
StringBuffer str = new StringBuffer("select planeNO,planeType,buyDate,");
    str. append("serveDate,isCommon,isCommercial,isFirst from PlaneInfo");
    str. append("limit pageControl.getRecordstart(),pageControl.getSizePage()");
    String sql = str. toString();
//将 StringBuffer 转为 String
```

点击"客机编号"链接可更新该客机信息,输入某一客机编号,进入该客机更新页面,其界面效果如图2-2-19所示。

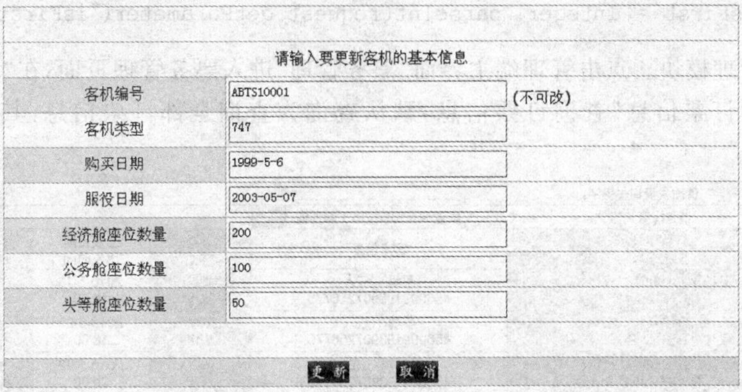

图2-2-19 客机更新界面

更改相应客机信息后,返回客机查询页面,则显示客机更新后的信息,其显示界面如图2-2-20所示。

客机编号	客机类型	购买日期	服役日期	经济舱座位数量	公务舱座位数量	头等舱座位数量	删除
ABTS10001	747	2000-01-01	2003-05-07	200	100	50	删除

图2-2-20 客机信息后的信息

若要添加新的客机信息,点击"客机管理"下的"添加客机信息"进入添加新客机信息,其界面如图2-2-21所示。

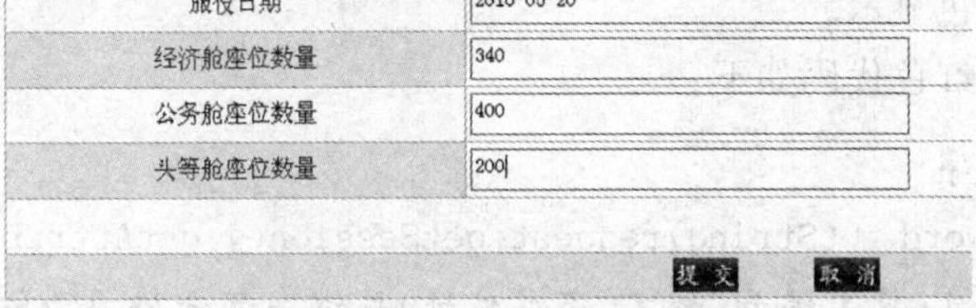

图2-2-21 添加新客机界面

输入的经济舱、公务舱、头等舱座位数必须为整数,否则会添加客机信息失败,并提示客机添加出现 NumberFormatException 异常,从页面接受的经济舱、公务舱、头等舱座位数转为为整数的代码如下:

```
int isCommon = Integer. parseInt(request. getParameter("isCommon"));//经
济舱
```

```
        int isCommercial = Integer. parseInt (request. getParameter (" isCommer-
cial"));//公务舱
        int isFirst = Integer. parseInt(request.getParameter("isFirst"));//头等舱
```

（3）票务管理模块。点击管理端主界面"票务管理"进入票务管理页面，在"订票管理"导航栏下点击"查询订票信息"查询订票信息，默认查询为查询全部订票信息，其查询结果如图2-2-22所示。

订票编号 航线编号	客户信息	起抵城市	出发日期 出发时间	机票价格 航位类型
请输入查询关键字：				
请选择查询方式：	查询全部◎按员工ID查询			
ABTSB-20100516117114 ABTSCZ3241	黎明 成人 456009198907256775	武汉 杭州	2010-5-15 19:00	￥710.00 头等舱
ABTSB-201005161367104 ABTSCZ3551	黎明 成人 456009198907256775	武汉 杭州	2010-5-25 18:00	￥920.00 头等舱
ABTSB-20100516123415 ABTSCZ3541	王袁明 成人 456009198907256775	武汉 西安	2010-5-29 20:08	￥810.00 头等舱
ABTSB-20100516117164 ABTSCZ3841	李佳明 成人 456009198907256775	武汉 广州	2010-5-28 19:10	￥910.00 头等舱
ABTSB-20100516137124 ABTSCZ2541	郭黎 成人 456009198907256775	武汉 北京	2010-5-23 14:00	￥860.00 头等舱
ABTSB-20100516145114 ABTSCZ4541	张天 成人 456009198907256775	武汉 上海	2010-5-27 10:00	￥700.00 头等舱
ABTSB-20100516135814 ABTSCZ81401	刘或 成人 456009198907256775	武汉 天津	2010-5-19 09:00	￥580.00 头等舱

共1页 第1页 首页 上一页 下一页 末页 共7条记录

图 2-2-22　订票信息查询结果图

在订票信息查询中设计了两种查询方式，即查询全部、按员工 ID 查询。默认查询方式为查询全部，设置这两种查询方式是为了航空公司更好地调度航班和设置订票站点。"查询全部"可以统计航空公司在某个阶段的效益，其数据将作为航空公司合理安排航班的重要依据；"按员工 ID 查询"可以统计某个站点的订票情况，其数据将作为是否设置该站点的重要依据。

（4）用户管理模块。用户管理模块主要实现对员工信息的增、删、查、改，点击主界面导航栏"用户管理"进入用户管理页面，点击"查询员工信息"将显示全部员工的基本信息。

在员工信息查询中提供了三种查询方式，即查询全部、按用户 ID 查询、模糊查询。默认条件下为查询全部用户信息。在"模糊查询"下，进行员工信息关键字模糊搜索，搜索出来的员工信息关键字部分以红色显示。

设置关键字显示红色代码如下：

```
//获取关键字
String keyword = (String)request.getSession().getAttribute("keyword");
//将员工信息（员工编号、姓名、家庭住址）关键字部分替换为红色
userStr = userId. replaceAll(keyword,"<font color = \"red\">" + keyword + "
</font>");
userName = userName. replaceAll(keyword,"<font color = \"red\">" + keyword
+ "</font>");
userAddr = userAddr. replaceAll(keyword,"<font color = \"red\">" + keyword
+ "</font>");
```

（5）留言管理模块。留言管理模块主要用于管理员查询留言信息，点击"查询留言信息"，

以留言时间倒序列出所有留言信息,其查询结果如图 2-2-23 所示。

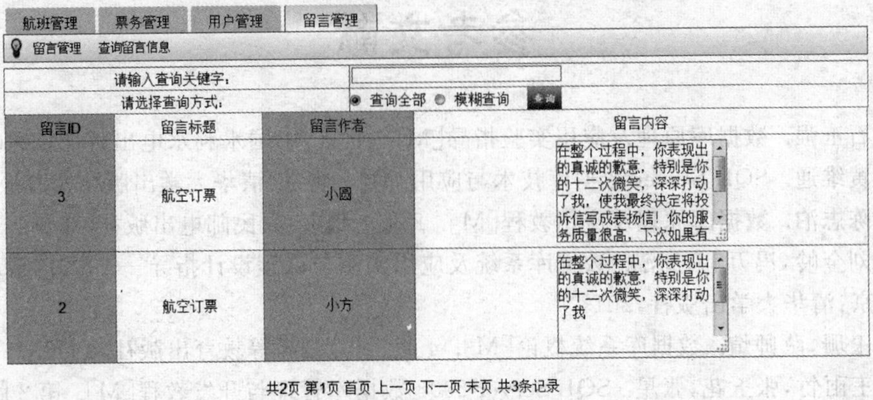

图 2-2-23 留言信息界面

查询留言信息同样也设计了两种查询方式,即查询全部、模糊查询。实现所有留言分页并倒序显示的主要代码如下:

```
//声明一个 StringBuffer 对象,并初始化
StringBuffer str = new StringBuffer("select messageId,messageTitle,user-
Name,
messageContent,messageDate from MessageInfo");
//将查询结果按时间顺序降序排序
str.append("order by messageId desc");
//使用分页插件时间分页查询
str.append("limit pageControl.getRecordstart(),pageControl.getSizePage
()");
//StringBuffer 转为 String
String sql = str.toString();
```

参考文献

［1］石玉强. 数据库原理及应用实验指导［M］. 北京:中国水利水电出版社,2010.

［2］黄维通. SQL Server 数据库技术与应用［M］. 北京:清华大学出版社,2011.

［3］陈志泊. 数据库原理及应用教程［M］. 2 版. 北京:人民邮电出版社,2008.

［4］刘金岭,冯万利,周泓. 数据库系统及应用实验与课程设计指导——SQL Server 2008 ［M］. 北京:清华大学出版社,2013.

［5］王珊,萨师煊. 数据库系统概论［M］. 4 版. 北京:高等教育出版社,2006.

［6］王雨竹,张玉花,张星. SQL Server 2008 数据库管理与开发教程［M］. 第 2 版. 北京:人民邮电出版社,2012.

［7］魏华,夏欣,于海平. 数据库原理及应用——SQL Server 2008［M］. 西安:西安交通大学出版社,2014.

［8］柳玲,徐玲,王志平,等. 数据库技术及应用实验与课程设计教程［M］. 北京:清华大学出版社,2012.

［9］潘永惠. 数据库系统设计与项目实践［M］. 北京:科学出版社,2011.

［10］朱玉超. ASP. NET 项目开发教程［M］. 北京:电子工业出版社,2008.

［11］张树亮,等. ASP. NET＋SQL Server 网络应用系统开发案例精解［M］. 北京:清华大学出版社,2008.

普通高等教育"十二五"应用型本科系列规划教材

(1)经济学基础　　　　　　　　(2)人力资源管理概论

(3)管理学基础　　　　　　　　(4)国际贸易概论

(5)会计学基础　　　　　　　　(6)物流管理概论

(7)经济法　　　　　　　　　　(8)公共关系学

(9)运筹学　　　　　　　　　　(10)会计电算化

(11)组织行为学　　　　　　　　(12)财务管理

(13)市场营销　　　　　　　　　(14)现代管理会计(第二版)

(15)计量经济学　　　　　　　　(16)商务礼仪

(17)应用统计学　　　　　　　　(18)外贸函电

(19)电子商务概论　　　　　　　(20)商务谈判

(21)数据库原理及应用(SQL Server 2008)　　(22)数据库原理及应用实验教程

欢迎各位老师联系投稿!

联系人:李逢国

手机:15029259886　　办公电话:029-82664840

电子邮件:lifeng198066@126.com　　1905020073@qq.com

QQ:1905020073(加为好友时请注明"教材编写"等字样)

图书在版编目(CIP)数据

数据库原理及应用实验教程/魏华,于海平主编.—西安:
西安交通大学出版社,2015.2
ISBN 978 - 7 - 5605 - 7099 - 0

Ⅰ.①数… Ⅱ.①魏… ②于… Ⅲ.①关系数据库系统-
高等学校-教材 Ⅳ.①TP311.138

中国版本图书馆 CIP 数据核字(2015)第 033856 号

书　　名	数据库原理及应用实验教程	
主　　编	魏　华　于海平	
责任编辑	李逢国	
出版发行	西安交通大学出版社	
	(西安市兴庆南路 10 号　邮政编码 710049)	
网　　址	http://www.xjtupress.com	
电　　话	(029)82668357　82667874(发行中心)	
	(029)82668315　82669096(总编办)	
传　　真	(029)82668280	
印　　刷	陕西丰源印务有限公司	
开　　本	787mm×1092mm　1/16　印张 10.25　字数 243 千字	
版次印次	2015 年 1 月第 1 版　　2015 年 2 月第 1 次印刷	
书　　号	ISBN 978 - 7 - 5605 - 7099 - 0/TP·655	
定　　价	24.80 元	

读者购书、书店添货,如发现印装质量问题,请与本社发行中心联系、调换。
订购热线:(029)82665248　(029)82665249
投稿热线:(029)82668133　(029)82665375
读者信箱:xj_rwjg@126.com